"少年轻科普"丛书

星空和大地，
藏着那么多秘密

史军 / 主编

参商 杨婴 史军 于川 姚永嘉 / 著

广西师范大学出版社
· 桂林 ·

图书在版编目（CIP）数据

星空和大地，藏着那么多秘密／史军主编．—桂林：
广西师范大学出版社，2019.5（2024.5 重印）
（少年轻科普）
ISBN 978 - 7 - 5598 - 0867 - 7

Ⅰ．①星… Ⅱ．①史… Ⅲ．①天文学－少儿读物
②地理学－少儿读物 Ⅳ．①P1 - 49 ②K90 - 49

中国版本图书馆 CIP 数据核字（2018）第 097406 号

星空和大地，藏着那么多秘密
XINGKONG HE DADI，CANGZHE NAME DUO MIMI

出 品 人：刘广汉
策划编辑：杨仪宁
责任编辑：杨仪宁
装帧设计：DarkSlayer
插 　 画：PY 小朋友

广西师范大学出版社出版发行

（ 广西桂林市五里店路 9 号 　 　 邮政编码：541004 ）
（ 网址：http://www.bbtpress.com ）

出版人：黄轩庄
全国新华书店经销
销售热线：021 - 65200318 　 021 - 31260822 - 898
山东韵杰文化科技有限公司印刷
（山东省淄博市桓台县桓台大道西首 　 邮政编码：256401）
开本：720 mm × 1 000 mm 　 　 1/16
印张：8.5 　 　 　 　 　 　 字数：53 千字
2019 年 5 月第 1 版 　 　 　 2024 年 5 月第 6 次印刷
定价：48.00 元

序
PREFACE

每个孩子都应该有一粒种子

在这个世界上，有很多看似很简单，却很难回答的问题，比如说，什么是科学？

什么是科学？在我还是一个小学生的时候，科学就是科学家。

那个时候，"长大要成为科学家"是让我自豪和骄傲的理想。每当说出这个理想的时候，大人的赞赏言语和小伙伴的崇拜目光就会一股脑地冲过来，这种感觉，让人心里有小小的得意。

那个时候，有一部科幻影片叫《时间隧道》。在影片中，科学家可以把人送到很古老很古老的过去，穿越人类文明的长河，甚至回到恐龙时代。懵懂之中，我只知道那些不修边幅、蓬头散发、穿着白大褂的科学家的脑子里装满了智慧和疯狂的想法，它们可以改变世界，可以创造未来。

在懵懂学童的脑海中，科学家就代表了科学。

什么是科学？在我还是一个中学生的时候，科学就是动手实验。

那个时候，我读到了一本叫《神秘岛》的书。书中的工程师似乎有着无限的智慧，他们凭借自己的科学知识，不仅种出了粮食，织出了衣服，造出了炸药，开凿了运河，甚至还建成了电报通信系统。凭借科学知识，他们把自己的命运牢牢地掌握在手中。

于是，我家里的灯泡变成了烧杯，老陈醋和碱面在里面愉快地冒着泡；拆开的石英表永久性变成了线圈和零件，只是拿到的那两片手表玻璃，终究没有变成能点燃火焰的透镜。但我知道科学是有力量的。拥有科学知识的力量成为我向往的目标。

在朝气蓬勃的少年心目中，科学就是改变世界的实验。

什么是科学？在我是一个研究生的时候，科学就是炫酷的观点和理论。

那时的我，上过云贵高原，下过广西天坑，追寻骗子兰花的足迹，探索花朵上诱骗昆虫的精妙机关。那时的我，沉浸在达尔文、孟德尔、摩尔根留下的遗传和演化理论当中，惊叹于那些天才想法对人类认知产生的巨大影响，连吃饭的时候都在和同学讨论生物演化理论，总是憧憬着有一天能在《自然》和《科学》杂志上发表自己的科学观点。

在激情青年的视野中，科学就是推动世界变革的观点和理论。

直到有一天，我离开了实验室，真正开始了自己的科普之旅，我才发现科学不仅仅是科学家才能做的事情。科学不仅仅是实验，验证重力规则的时候，伽利略并没有真的站在比萨斜塔上面扔铁球和木球；科学也不仅仅是观点和理论，如果它们仅仅是沉睡在书本上的知识条目，对世界就毫无价值。

科学就在我们身边——从厨房到果园，从煮粥洗菜到刷牙洗脸，从眼前的花草树木到天上的日月星辰，从随处可见的蚂蚁蜜蜂到博物馆里的恐龙化石……

处处少不了它。

其实，科学就是我们认识世界的方法，科学就是我们打量宇宙的眼睛，科学就是我们测量幸福的尺子。

什么是科学？在这套"少年轻科普"丛书里，每一位小朋友和大朋友都会找到属于自己的答案——长着羽毛的恐龙、叶子呈现宝石般蓝色的特别植物、僵尸星星和流浪星星、能从空气中凝聚水的沙漠甲虫、爱吃妈妈便便的小黄金鼠……都是科学表演的主角。"少年轻科普"丛书就像一袋神奇的怪味豆，只要细细品味，你就能品咂出属于自己的味道。

在今天的我看来，科学其实是一粒种子。

它一直都在我们的心里，需要用好奇心和思考的雨露将它滋养，才能生根发芽。有一天，你会突然发现，它已经长大，成了可以依托的参天大树。树上绽放的理性之花和结出的智慧果实，就是科学给我们最大的褒奖。

编写这套丛书时，我和这套书的每一位作者，都仿佛沿着时间线回溯，看到了年少时好奇的自己，看到了早早播种在我们心里的那一粒科学的小种子。我想通过"少年轻科普"丛书告诉孩子们——科学究竟是什么，科学家究竟在做什么。当然，更希望能在你们心中，也埋下一粒科学的小种子。

"少年轻科普"丛书主编 史军

目录
CONTENTS

喂，外星人你在吗？

在电影和文学作品中，作者们的笔下常常会出现一些"奇形怪状"的家伙，它们有的乖巧，有的可爱，有的高冷，有的甚至富有侵略性……不过它们都拥有一个共同的称呼——外星生命。

浩渺宇宙中是否有其他生命存在？对此，人类一直都没有停止过畅想和探索。

外星生物离我们的想象有多远

　　说到外星生物，小朋友的脑海里可能会浮现出许多图像：皮肤微微发白、周身萦绕着光圈的生物；或是头大大的、两个眼睛之间的距离略宽、根本就不长嘴巴的怪物……不过我们脑海中出现的第一印象，大多还只是属于"外星人"的范畴——也就是"地球以外所存在的智慧生命"。

　　事实上，外星生命的生物形态可远不止这些！连小到肉眼根本看不见的微生物，也是地外生物学家的研究目标。

　　从简单的细菌到具有高度文明的"宇宙人"，外星生命可以称得上是包罗万象了。

星空和大地，藏着那么多秘密

算一算，外星生命有多少

关于外星生命存在与否，有一个叫"德雷克公式"的东西很值得一提。

$$N = Ng \times Fp \times Ne \times Fl \times Fi \times Fc \times FL$$

科学家用这个公式告诉我们：银河系内可能与我们通信的文明数量（N）= 银河系恒星数目（Ng）× 恒星有行星的可能性（Fp）× 位于宜居带内的行星的平均数（Ne）× 以上行星诞生生命的比例（Fl）× 演化出高智生物的概率（Fi）× 高智生物能够进行通信的概率（Fc）× 文明时间占比（FL）。

公式看起来有些复杂，但其实就是把整个银河系里有生命存在可能的条件，一个接一个地列出来，最后得出银河系内可能的生命总量。

现在让我们亲自动手，试着计算一下银河系可能存在高智生物的星球有多少吧！

目前估算出银河系中大约有 4000 亿颗恒星，估计有行星的恒星还不到一半。我们

小贴士

宜居带

————————

一个行星系中，适合生命发展、形成的区域。比如地球，它离太阳不远不近，体型不大不小，因此，温度不会太冷或太热，大气压刚刚好。而且，星球表面还有生命之源——那就是能够维持液态的水。

————————

高智生物

————————

具有与人类相当甚至更高智慧的生命形式。它们对自身及行星环境具有一定认识，能用语言等方式交流，具有较强的自然改造能力，甚至具有一定的科技水平。

————————

先保守估计只有 1/10 的恒星有行星，也就是 4000 亿颗 ×1/10=400 亿颗。

然后，我们来计算宜居带内行星的数量（*Ne*）。假设平均每颗恒星拥有 5 颗属于自己的行星，因为受到"持续可居住带"（即宜居带——适合生命出现的区域）的宽度和"光谱类型"（即恒星的温度分类）这两项参数的约束，我们保守估计这些行星中大约有 1/10 位于宜居带内。那么，位于宜居带内行星的平均数就是 0.5 颗，所以 400 亿颗 ×0.5=200 亿颗。

紧接着，诞生生命的可居住行星比例（*Fl*）、演化出高智生物的概率（*Fi*）和高智生物能够进行通信的概率（*Fc*）这三项值的计算结果，根据美国已故天文学家卡尔·萨根的乐观预估大约是 1/300，即 200 亿颗 ×1/300 ≈ 0.67 亿颗。

最后，就是这个公式最不确定的一项：文明时间占比（行星上科技文明存在时间在行星年龄中所占比例）。太阳系中各行星的年龄大约是 46 亿年，而地球的科技文明持续时间保守估计为 500 年——为了计算简便，文明时间占比就估算是 500/4600000000。0.67 亿颗 ×500/4600000000，我们得到的结果约为

7.3 颗。

这个结果可能会让一些对外星生命感兴趣的小朋友觉得失望。这么少的数目，人类还是很孤单啊！不过，我们可以换个角度想想，这只是在银河系里呀！如果算上全宇宙，存在外星生命的可能性还是挺大的。

外星生命的搜寻法则

也许有人会说："说了这么多，有谁能拿出确定的证据说自己看到过外星人？你怎么就能说它们存在呢？"确实，虽然目前的研究状况不那么明朗，但是科学家们一直在努力着。

带着乐观的态度看看我们现有的研究吧。地外生物学家搜寻外星生命的方向，主要还是通过对地球生物的起源研究，来确定生命存在的物质基础是否存在。例如是否存在生物大分子；是否存在供生命生长和繁殖所必需的营养物质；是否有水；是否存在氧气等必要的大气成分；温度是否合适，以及生命发生和进化所

小贴士
生物大分子

....

生物体细胞内存在的蛋白质（一定顺序排列的氨基酸分子长链）和核酸（其基本单位是核苷酸）两类。

....

需的必要时间等。另外，在地球极端环境下存在的独特微生物——例如海洋热液烟囱附近的一些古菌（比如在意大利海底火山口附近的硫磺矿区找到的嗜热菌），也为科学家们带来了更多的参考方向。

　　介绍到这里，也许有一些小朋友对外星生命有了更多的兴趣。很希望有朝一日能看见你们在这个领域发光发热。也许未来的某一天，人类能与外星朋友共舞呢！

小贴士
热液烟囱

　　在海里也能喷出滚滚浓烟的"大烟囱"。在大洋中心的海底有许多火山口和地裂缝，岩浆顺着它们上涌，把渗入地底的海水加热。被加热的海水溶解岩层，形成高温而富含各种矿物质的"热液"。这些热液喷出地底，与冷的海水相遇后沉淀，仿佛吐出滚滚浓烟，就形成了一个个海底"大烟囱"。

星空和大地，藏着那么多秘密

02

地外生命外貌大畅想

在前一篇文章里，我们知道了外星生命存在的可能性并不小，并且目前人类对它们的生存环境也有一定的推测。想必各位小朋友一定很好奇，外星生命究竟会长成什么样子？

说到这个话题，也许小朋友们的脑海里会浮现出许多小说、电影或是漫画里的外星人角色。可是大家多半还是会有这样的疑问：它们的形态合理吗？真的会长成那个样子吗？

要解答这两个问题，不如让我们来看看四种可能存在生命的环境：类地行星、深海、液氮和气体环境，然后据此来畅想一番。

欢迎光临类地行星

类地行星，顾名思义是与地球相类似的行星——也就是以硅酸盐岩石为主要成分的行星。

看，一些素食的外星动物正在坚实的地面上蹒跚而行，它们拥有适应地面支撑和行动的腿脚，厚实的皮肤保护层能帮助它们应对各种复杂的地形。它们的身体是圆柱状的，庞大的嘴像个吸盘似的撑在地面上，好像在搜寻着食物，又像是在辅助支撑它们笨重的身体。它们就这样自顾自地漫步。良好的采光让它们的感光器官得以发展，但因为处于被捕食者的地位，所以它们的眼睛长在两侧，让观察范围更广，以便尽可能保证自己的安全。

不过在它们身旁的悬崖上，正悄悄地停着几只能用翅膀飞行的小型肉食动物。这些捕食者们的眼睛长在头部前方，这样可以形成出色的立体视觉，便于准确估计猎物的位置。此时，一双双飞行者的眼睛正灵活地打量着地面上的庞然大物。突然，它们纷纷从悬崖上俯冲，杀向猎物！不一会儿，那只可怜的素食动物就倒在地上，它的生命也就此结束。

奇妙的深海星球

试想一下，如果一个星球全部被海洋覆盖，那么在幽暗无光的深海中会有什么？

那里大概会有像章鱼一样的捕食者。它们是些柔软而半透明的大家伙，顺着水流控制着身体内外压力的平衡，一边缓缓移动，一边四散开触手，探索着这片让人生畏的深渊。不过深海的环境倒是令它们的感光器官变得极其灵敏。

由于一片漆黑的环境带来的种种不便，这些生物皮下的光合物开始起作用，幽幽的光笼罩在它们周围，忽明忽灭，为它们保驾护航。此外，还有一些体型没那么大的生物，它们为了生存，常常成群结队地快速经过这些庞然大物。

探访极寒之星

在极低温的液氮星球上，别有一番风景。

漫天风雪把周围的世界染得白茫茫，一个通体长着雪白厚实毛发的生物正趴在雪层之上，一阵大风带来一堆雪粒砸在它的身上，它的身体只是微微撤后了些，随后又宛若静止一般。其实它会动，只是天太冷了，以致它身体的新陈代谢变得极慢，这让它与地球生命相比显得非常迟缓。

由 "气" 组成的星球

最后让我们来到气态行星——也就是类似木星这样的地方。

这种环境下的外星生命，体形会像降落伞或者水母——啊，在这里大概该叫"气母"吧，总之它们的身体给人薄而轻的感觉。它们以一种飘逸的状态在空气里游荡、上升，十分惬意。雷电虽能把地球生命轰成焦土，但在这里，电闪雷鸣却能为生命提供能量，帮助它们获得必需的元素。

瞧，经过科学家的合理推测，各种极端的外星环境似乎都能孕育出与之相适应的生命，所以外星生物很有可能充斥于宇宙间，数量甚至可能远超我们的预期！外星生命可能是条蠕虫，或是微不可见的细菌，又或者它们真的是人型生物也说不定！

03

拜访外星家庭指南

　　茫茫的宇宙里，外星生命存在的可能性固然不小，但地外生物学家在搜寻外星生命时，还是会以地球生物的起源研究为参照，来确定生命存在的物质基础。只要我们搜索一下地外生物学家的研究，就会发现水、含氧大气层以及适宜的温度，这些要素几乎占据了目前搜寻条件的首要位置。

寻找外星生命，为什么不能脑洞大开

充满想象力的小朋友们一定有很多不一样的想法，例如，谁说外星生命就离不开水呢？万一它们需要的是硫酸或其他奇奇怪怪的液体呢？还有啊，谁说外星生命离不开氧气呢？万一它们爱的是氮气或氦气呢？万一是一种我们不知道的东西在支撑它们的生存呢？科学家的研究范围是不是太窄了呀？

"宇宙那么大，有一些和地球生命完全不同的生命形式，好像也没什么奇怪的。"——这个道理很简单，小朋友们能想到，科学家们当然也是考虑过的。然而他们以水、氧、合适的温度这些看似没有创意的宜居条件为前提来寻找地外生物，其实是仔细考量、反复论证的结果。

地外生命研究者们的确不知道外星人长什么样，外星生命的形式也确实可能远超我们的认知。但科学讲究"小心求证"，所以任何研究都必须先有个预期和标准，这样一来，最稳妥、积累了最多经验的办法，就是把"地球生命的宜居环境"作为约束和搜寻的条件。地球是我们的家园，科学家对它已经很熟悉了，参照地球上的宜居条件找到的外星球，肯定适合我们生存，也更有可能产生和地球上相似的生命形式。

碳基生物和硅基生物

接下来，就要涉及一个具体概念——地球上的生命形式是什么样的。到目前为止，地球上已知的生物都是碳基生物，就是以碳元素为有机质基础的生物。

一个碳原子有四只手，它能牢牢拉住其他碳原子，一个接一个地排成长排或者围成圈，这样形成的分子就是"碳骨架"。在这些碳骨架上还可以拉上氮、硫等其他元素小伙伴，排成团体操似的复杂队形。根据拉的元素小伙伴的不同，就可以分成"蛋白质""糖类""脂类""DNA"这些组成生命的大分子。

碳和碳之间的连接其实很灵活，就像小朋友们常玩的玩具魔尺，一环扣着一环，既不易断裂，也可以随意扭曲。魔尺上的色块不同，伸出去的支链数量也不同，最后的样子自然不同。但不管怎么说，碳骨架很关键。

碳原子还可以与氧原子形成二氧化碳气体，这就便于进行呼吸作用。而且，对于碳基生命来说，水是必不可缺的一项重要元素，因此，科学家们以水、氧等作为探寻生命的基本要素，也就可以理解了。

现在，让我们来了解一下另一种受到大家关注的生命形式——硅基生命。因为硅元素与碳元素的基本性质有一些相似之处，科学家们便认为存在以硅元素为有机质基础的生物。其实，含有硅元素的物质在我们的生活中并不少见，例如玻璃、砖石等。许多科幻小说家把硅基生命的样子想象成被玻璃纤维般的细丝牵起的晶莹透明结构，听起来颇有些美感。

不过硅有个致命的缺点，就是同氧的结合力很强。硅会牢牢地抓住氧原子，形成固体，这样的性质给生命的呼吸过程带来了很大的困扰，所以到目前为止，硅基生命的存在还没有被证实。相比较而言，我们是不是应该更倾向于以碳基生命的存在条件为基础，好好探寻外星生命呢？

无论如何，我们对外星生命的模样和它们存在环境的认识，都会随着研究的深入而变得越来越丰富。小朋友们，你们准备好开动脑筋想象了吗？

比邻星 b：太阳系外发现的"第二地球"

外星人难找，不如让我们先找找可能孕育出外星生命的星球吧。

2016 年，天文学家在观察我们太阳系隔壁的星系时，居然发现了一颗与地球极为相似的行星！

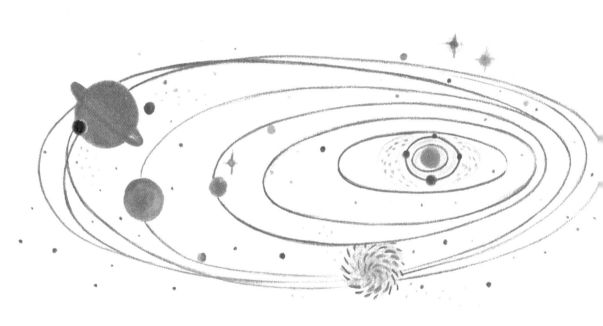

你好，比邻星 b

这颗行星位于半人马座 α（阿尔法）星系——中国把这个星系称为"南门二"。半人马座 α 星系是个"三星系统"，也就是说，那里有三颗恒星——相当于有三个太阳。

这个星系中，体积比较大的两颗恒星靠得很近，距离我们的太阳有 4.4 光年；最小的一颗恒星很小很暗，虽然和它的两个哥哥离得比较远，却和我们的太阳很近，仅仅有 4.2 光年的距离，是距离太阳系最近的恒星，所以天文学家们也叫它"比邻星"——就像是太阳的一个邻居。而新发现的这颗与地球相似的行星，就围绕着这颗最小的比邻星旋转。

科学家们给比邻星的这颗行星编了个毫不起眼的代号，叫"比邻星b"，但它可不像自己的名字那么普通。

比邻星 b 的秘密档案

根据天文学家的研究和估计，比邻星 b 至少比地球重 1.3 倍。它与比邻星的距离，只相当于我们地球到太阳距离的二十分之一，但它围绕比邻星公转的速度非常快，11.2 天就能转整整一圈——换句话说，比邻星 b 上的一年只相当于地球上的 11.2 天。

虽然它离自己的 "太阳" 很近，但它的地表却不一定很炎热。因为比邻星是一颗红矮星，它的体积比太阳小很多，只比木星略大一点，表面温度也只有 2800℃，远不及太阳的 5500℃，所以只能发出黯淡的红光。天文学家经过测算发现，沐浴在红光下的比邻星 b 很可能存在液态水。如果天文学家们能证实它的体积确实与地球相仿，那么它就不是木星那样的 "大气球"，而是地球这样有坚实大地的石质行星。

咱们的这个邻居，真的很可能是第二颗地球呢！

赫罗图

　　丹麦天文学家赫茨普龙和美国天文学家罗素以恒星的光度（绝对星等）为纵坐标，以恒星颜色（据蓝白黄红等颜色分为光谱等级 O、B、A 等）为横坐标，绘制了赫罗图，用来给恒星分门别类，例如矮星、白矮星、红矮星、褐矮星、巨星和超巨星都是根据在赫罗图上的不同位置来定义的。

特超巨星

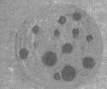

超巨星

亮巨星

巨星

亚巨星

主序星
（也叫矮星）

（光谱 O～T
光度 -5以下）

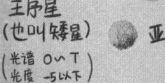

亚矮星

红矮星

白矮星

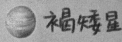

褐矮星

-15　-10　-5　0　+5　+10　+15　+20

O　B　A　F　G　K　M　L　T

05

怎样去隔壁的星球串个门

　　上一篇介绍的比邻星 b 和地球只有 4.2 光年的距离,它已经是太阳最近的邻居了。小朋友们是不是恨不得明天就去串个门? 别着急,星际间的串门可不太容易。下面,就让我们严肃地谈一谈人类该怎样去拜访隔壁的星球邻居。

星空和大地，藏着那么多秘密

我们需要更快的引擎

小贴士

离子引擎

引擎也叫发动机或马达，它可以把某种形式的能量转化为推动力。将什么东西产生的能量转化为推动力，这种引擎就可以叫什么引擎。比如电动车的引擎就是把电力转化为动力，而把贮存在离子中的能量转化为动力的，就叫离子引擎。

α 粒子引擎

α 粒子具有放射性，铀和镭产生 α 粒子流（也叫 α 射线），它也是科学家设想的未来引擎的备选能源。

你可能在电视、电影里听说过曲率引擎、时空折叠和虫洞，可惜到目前为止，它们还只是物理学家演算的结果，以现在的科技无法实现。在现实生活中，人类发明的最快的空间探测器，是在 2015 年路过冥王星的"新视野号"探测器——它每秒钟能跑 16 千米，从地球出发，只需要 9 个小时就到了月球附近。

不过，即使用"新视野号"的速度，也得花 8 万年才能到达比邻星 b……如果将"新视野号"的动力略做修改，使用离子引擎，飞船的速度就可以达到每秒 50 千米！可惜以这样的速度，到达比邻星 b 也得 2 万年。

比离子引擎更快的是 α 粒子引擎。如果以放射性物质"铀-232"为原料，就能制造出大量 α 粒子作为前进的推动力。但 α 粒子很小，所以飞船在一开始会比较慢，经过长时间的加速才能达到每秒 200 ～ 300 千米的高速，最终也将花费 4000 ～ 9000 年到达比邻星 b……

"突破摄星"计划：微型光子帆舰队

确实，串个门要花几千年，这个时间还是太长了。

于是，2016年一个名叫"突破摄星（Breakthrough Starshot）"的项目诞生了——俄罗斯的一位富翁米尔纳和著名物理学家霍金宣布，有一个办法可以让我们在有生之年把人工探测器送至比邻星b！他们说可以制造一种微型飞船——它全身上下只有一个名叫"星片"的装置，比一枚一角硬币还要小、还要轻。星片将装载微型照相机、微电脑、激光推进器、光子帆等众多仪器，称得上"麻雀虽小，五脏俱全"。其中，激光推进器和光子帆就是飞船的引擎。光照在物体表面时，会产生轻微的压力。这种力量在地球上显得微不足道，但在物质稀少、没有空气阻力的太空中却可以积累成强大的推力。

由装载着星片的飞船所组成的微型舰队，速度可以达到光速的五分之一，20年后就能到达比邻星b，然后用激光将照相资料传回地球。微型光子帆舰队如果能在10年内建成出发，那么各位小朋友就能在将来听到它从比邻星b发来的回音啦。这个计划能否顺利进行呢？让我们翘首以盼吧！

06

一上太空就发烧，
所有宇航员都是带病工作吗？

　　广袤漆黑的宇宙空间，凭借着奇幻星光和捉摸不透的神秘气质吸引着许多人的眼球。但是，目前"带着大家一起太空旅行"这件事还是挺有难度的，只有专业宇航员们才能拿到太空旅行的入场券。

　　不过，太空旅行似乎没有想象中那么美好……

困扰宇航员的"太空热"

　　作为代表人类的太空探路者，宇航员自然是经过精挑细选、千锤百炼的，因此他们的身体素质和逻辑思维也属上乘。可是，这些各方面都优异的宇航员们却纷纷反映：和地球相比，地外空间似乎有点太"热"了——这里的"热"可不是指宇宙的奇幻景象太过吸引宇航员，以至于他们都激动得浑身发热了，而是实实在在的发烧。

　　研究者们专门在国际空间站 11 名宇航员的额头上安装了传感器，记录他们的活动情况。通过观察和测算，他们发现：宇航员在微重力作用下，核心体温会逐渐升高到 38℃。

核心温度，就是人体内部的温度。我们知道，人类是恒温动物，而地面上人体维持正常新陈代谢的温度大约是 37℃。所以很明显，太空中的宇航员们实际上处于持续发烧的状态，科学家们把这样的发烧现象称为"太空热"。

更危险的是，在太空舱进行运动锻炼的宇航员们，有时体温甚至会超过 40℃！听起来，宇航员们所谓的"热情宇宙"其实令他们不太舒服。

出汗原来如此重要

究竟为什么会产生这样的问题呢？

原来，在失重情况下，人体自主调节体温的途径之一——出汗受到了影响。

汗水在蒸发的过程中会吸走身体的热量，从而帮助我们降低身体温度。就好比日常生活中，我们在炎热的夏天总是更容易出汗，从而维持体温。但在宇宙独特的大环境下，汗水蒸

发的速度要比在地球上慢得多——也就是说，人们的身体很难消耗掉多余的热量，身体与外界的热量转换也变得特别困难。于是，人体就像个大蒸笼，一动不动的状态下都没法维持稳定的体温，更别提运动之后了。热量没办法好好散出去，体温就居高不下。这也难怪国际空间站的宇航员们总被"发烧"困扰了。

太空旅行的严峻考验

不单单是"太空热"这一项，微重力环境下的人体变化实际上并不少。

例如曾被广泛关注的"宇航员长高"，其实也没那么玄乎。这种因为失重而造成的"长高"（进入太空的微重力环境后，宇航员的脊椎失去原有压迫，从而扩展变长、关节间隙变大，出现"长高"的迹象），不仅一返回地球就被打回原形，还会对身体骨骼和关节造成负担。另外，人体在宇宙中还会出现骨质疏松、肌肉萎缩、面部浮肿等，听起来好像都不是很好，真可谓"太空危险千千万，一不小心就中招"。

所以，想要把太空旅行变得更舒服，我们还有不少路要走呢！

07

太空中怎么上厕所？
这是个值得研究的问题

　　俗话说得好：人有三急。每天，上厕所这件事都是我们的例行公事，身处太空的宇航员们自然也不例外。不过宇宙空间的环境可不比地球，上厕所这个平日里看起来很容易的小举动，宇航员们却得好好折腾一番。

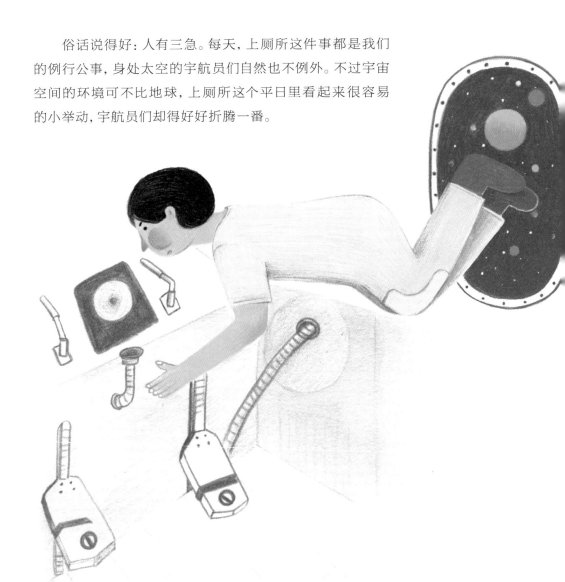

在外太空上厕所的正确姿势

外太空是个微重力环境，在那里，宇航员们没办法像在地面上一样正常活动，而且所有东西都是在空间里飘飘荡荡的，其中自然也包括，呃，排泄物这种不好闻的东西。所以，宇航员们上厕所时得把自己固定好，不然一个不小心，狭窄的舱内就会发生有味道的"天女散花"，那可就太糟糕了。

在太空厕所中，固体和液体排泄物都有各自的接收容器。无论男女都可以站着解决自己的生理问题——当然了，坐着也行。不过，无论选择什么样的姿势，都得用安全扣把腿固定好，有的甚至得把膝盖并拢锁上、绑起大腿……这安保架势还挺大，就好像不是要上厕所，而是要发射升空或者坐过山车。

至于在舱外的时候尿意来了怎么办？对不起，那还是指望尿不湿吧。

别扔！排泄物们也有用

宇航员们上完厕所之后，排泄物的处理工作就交给"抽气马桶"了。

有小朋友们可能要问，为什么不是"抽水马桶"？因为首先，太空中水很珍贵，不能浪费；其次，微重力环境下，水是没办法自然流动的，在太空中必须靠急速气流"冲"走废物，然后杀菌消除异味，上厕所这整件事才算完结。

人体排出的固体和液体废料会被专门的系统分开。在国际空间站里，有一些先进的设备可以将液体废物循环再利用，由专门的装置把有点恶心的尿液转化成宇航员们的饮用水，重新利用。固体废料，比如大便等，则会被塑胶袋封好，经过脱水压缩处理，由宇航员们装进金属容器，直接送到补给飞船上，最后带回地球集中处理或研究。

以上这些安全措施看起来倒是挺齐全，但宇航员们在收拾塑胶袋的时候，还是会因为种种意外搞得废物到处都是……于是经验

小贴士
脱水

本文的"脱水"是指物理干燥，即把水分子从原来的物质中"拽"出来，让物质达到干燥的效果。

来了：千万别想着物尽其用，下次方便时，还是挑最大的那个塑胶袋用吧！

寻找太空生命，需要小便帮忙

国际空间站里的先进设备可以回收尿液，但老式的传统设备则没有回收功能。如果用的是老式太空厕所，就得用一个特制的漏斗收集小便，等积攒到一定程度，再将它们"喷出"太空舱，进行"宇宙遨游"。

既然是喷射，那误伤的概率就很大了。1996年，"奋进号"航天飞机从轨道上回收了一个日本空间飞行器装置卫星，卫星上的凹痕显示它沾有微量的磷和硫。2000年，有学者在分析文章中指出，这些微量元素可能是"奋进号"喷射出的冰状尿液颗粒淋到卫星上留下的。"奋进号"用的正是老式太空厕所。科学家觉得，这种喷出尿液的装置和土星第二颗卫星上的冰喷泉很是相似。

人体内的物质元素被保存在尿液里，被

土卫二的身体上有无数个"洞"，一个个喷口时不时地把冰颗粒、水汽和一些有机化合物向真空带喷射。压力的变化让它们迅速结成冰晶，形成冰喷泉。另外，其他相似的冰冻天体也有这种现象。

航天飞机喷出后，在附近的卫星上划出道道"伤痕"。同样的，土卫二上的冰喷泉喷力强劲，也可能在土卫二附近的天体（或人类制造的探测器）上擦出痕迹。因此，人类飞行器上的凹痕、微量元素等实验数据就显得弥足珍贵，了解它们才能让科学家正确识别出"喷射物"的来源，毕竟地球上的实验模拟不出这么逼真的太空环境。

土卫二是科学家眼中可能出现生命的候补星球之一。如果以后能在它身边辨认出冰喷泉的痕迹，并从中发现生命迹象，那现在对"小便误伤卫星"的研究可就有很大的借鉴意义，是大功一件了。也难怪科学家们指望着从这么"有味道"的过程里发现点什么了。

火星上，每一滴尿都要用来种菜

　　不知道大家想没想过去火星生活？要成为一名火星人并不是一件容易的事情，不仅需要健康的体格、丰富的知识，更需要一个强大的胃——因为在狭小的太空生活舱中，我们需要完成物质的完整循环。

　　什么？小朋友不懂"物质的完整循环"是什么意思？那说直白点，就是我们要"吃"自己的尿和汗。

宝贵的尿和汗

　　呃……可能已经有一些小朋友要吐出来了。其实这件事没有大家想象的那么重口味：确切地说，我们吃的只是用自己的尿液和汗液种出来的粮食蔬菜，而不是直接喝尿液或汗水。

　　在前一篇，我们说过在以往的太空飞船中，尿液会被过滤，其中的水被回收，而溶解在水里的尿素等"植物肥料"就被当作垃圾扔到宇宙空间里了。这是

图省事的做法。过去呢，宇航员们不多，在飞船里待的时间不长，吃的喝的不算多，让火箭运上去就可以了。渐渐地，上太空的宇航员越来越多，为了科学实验的需要，他们在太空中停留的时间也越来越长。用火箭运物资可是很贵的，在太空船里搞种植和垃圾回收利用，既能把运送食物的钱省下，又能让宇航员吃上新鲜的果蔬，还不污染宇宙环境，这不是一举三得嘛！

既然我们可以用尿液作为肥料，肯定有小朋友会说："为什么处理尿液要这么麻烦啊？直接尿在植物上不就好了吗？"这确实不行，因为尿液里的很多有机物个头太大，植物的嘴巴又太小，根本就吃不进去。更麻烦的是，如果这些物质不经过分解就尿在植物周围，还会从植物的根中抢夺水分，结果就把植物腌制成"小便咸菜"了。

为了解决这个问题，德国宇航局的科学家们在一颗试验卫星里做起了模拟实验。他们打算这样：准备一个巨大的、装满浮

浮石是一种全身是孔的石头，因为孔洞里充满空气，所以要比同样大小的普通石头轻许多，甚至能够漂浮在水面上。浮石是在火山剧烈喷发时形成的。当火山喷发时，就像把摇过的雪碧瓶一下子拧开，满是泡沫的岩浆冲出火山口后急速冷却，就留下了千疮百孔的浮石。

石的水柜，把宇航员的尿液都收集在里面，像做葡萄酒一样发酵。浮石上密布的空洞可以为细菌提供栖身之所，而这些细菌小家伙们会把尿液里所含的有机物（主要是尿素）分解成简单的铵盐，从而为西红柿提供氮肥。

其实，这种制作肥料的方法中国人早就在使用了。以前，在我们的老式厕所中都会有一个粪坑，那不仅仅是为了收集屎尿这类人类产生的肥料，更重要的是对粪便进行发酵。虽然听起来有点恶心，但植物很喜欢这种肥料。

不过，仅仅收集尿液还不够，其实我们的汗液中也含有大量的氮元素，怎样把所有的汗液都收集起来变成肥料，也是科学家努力解决的问题。不仅如此，甚至连清洗贴身衣物的水也在科学家的收集范围里呢……为了在太空收集点肥料，科学家们太不容易了。没办法，谁让火星上一丁点儿地球植物所需要的肥料都没有呢？

重力的重要性：植物也要知道方向

除了实验肥料的回收工作，在这颗试验卫星上，科学家们还要检验西红柿在低重力情况下能不能好好生长。

我们都知道，要想让植物健康生长，需要给它们提供充足的水、阳光、空气和肥料，但是很少有人会注意到植物也需要地球的吸引力——植物之所以能分清天和地，根往土里扎、枝干往天上长，就是因为植物能感受到重力。如果没有重力，植物就丧失了方向，不仅开花结果会受到影响，连叶子都会长得奇形怪状。

那么，把植物送上火星种植又会发生什么事情呢？

火星上并不是没有重力，而是重力只有地球上的 38%——"这样低的重力能不能让植物找到生长方向"就是实验需要解决的问题。在卫星和飞船上，所有物体都处于失重状态，想要获得模拟的重力，就需要让卫星转起来，就好像我们坐过山车的时候，车厢会因离心力紧紧地压在轨道之上。而在卫星中旋转产生的离心力就代替了重力，帮助植物找到天和地。但是人造重力仍然是个非常复杂和麻烦的事情，所以试验卫星在前6个月时间里，将模拟月球的重力环境（为地球重力的17%），然后再逐步加码模拟火星的重力环境（为地球重力的38%），观察西红柿能不能分清天和地。

以上所有的实验，都会被卫星中的16台摄像机记录下来并传回地球。大家是不是都期待实验成功，好早日在火星上种出蔬菜呢？

看，喷了发胶的太阳公公

想必小朋友们对每天东升西落的太阳公公不陌生吧？

在我们肉眼看来，太阳每天按着差不多的轨道运行。它其实是一位强壮的运动员，每个小时能在广阔的宇宙中带着自己的孩子们跑 8.37 万千米。

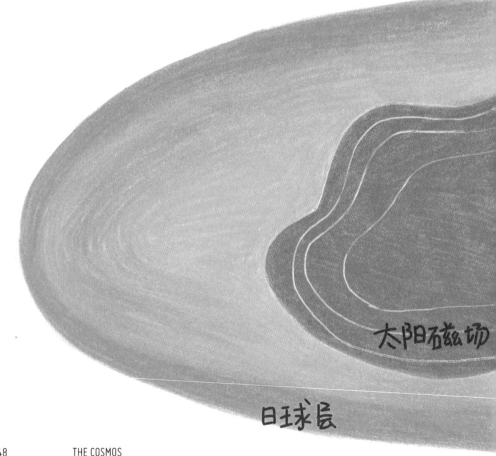

太阳磁场

日球层

太阳的头发：太阳风

过去人们一直认为，太阳公公在星际间奔跑的时候，后面会拖着长长的尾巴，好像我们熟悉的彗星一样。不过这个"尾巴"可不像小猫小狗的尾巴，而是由"太阳风"形成的。

小朋友们也许很好奇，太阳风是什么啊？太阳风

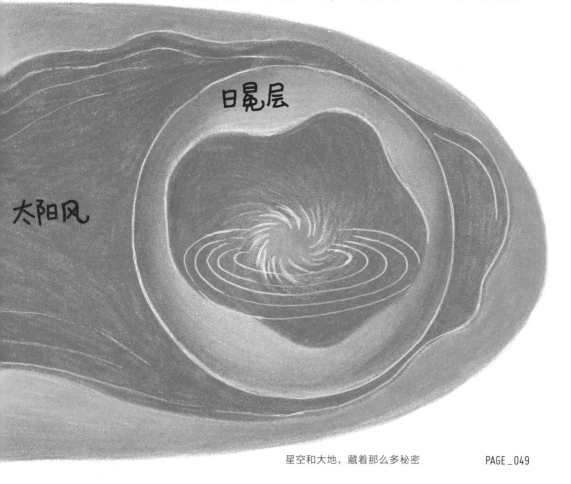

日冕层

太阳风

太阳风的成分主要是电子和质子，它们在太阳的最外层——日冕层形成，然后高速向外发散。

由于太阳风粒子带电，所以会受磁场影响，可以在地球南北极形成极光，而且在太阳活动更剧烈时形成的"风暴"（太阳黑子活动高峰），还会影响太阳系内的无线通信。

太阳风的速度虽快，却和地球上由空气运动造成的风不同，不会让太空中的宇航员有"大风吹拂"的感觉。

和电风扇的风或者海边的海风一样吗？

其实，太阳风是太阳散发出的带电粒子流，它的范围能一直延伸至海王星的轨道。

在地球上，最强的台风能把房顶掀翻，将大树连根拔起，风速可以达到 32.5 米 / 秒；而太阳风就更厉害啦！它不仅能以 350 ～ 450 千米 / 秒的速度在宇宙肆意横行，最快速度更能达到 800 千米 / 秒，是地球上最大风速的几万倍！

太阳的潇洒发型

大多数小朋友们可能会想：既然太阳风这么强烈，那它一定会像地球上的风，或者好像我们被风扬起的头发那样，没什么固定形状可言吧？

以前，科学家们也确实是这么想的，但最新的研究表明，太阳风其实是有固定"发型"的：它的"发型"像是一个充满了气的球，而日球层则是固定这个发型的发胶。

提到"日球层"，我们就得说到太阳的构造了。除了太阳高温的内部区域，由内而外依次是光球层、色球层和日冕层——这三层就像是我们头发下的脑袋，属于核心部分。日球层则不像它们，它是由太阳风和太阳的磁场两部分组成的。

谁是太阳的发型师

是什么让太阳风保持了一个较为稳定的形态呢？

原来在浩瀚的宇宙中，不只是太阳有磁场，宇宙中还有一种叫作"星际磁场"的东西。跟整个宇宙比，我们的太阳公公其实很渺小，宇宙里还有千千万万个像太阳一样的"大火球"，这些"大火球"也会散发出磁场。另外，我们所能见到的星星也都会对外发出或强或弱的磁场——这些磁场共同构成了星际磁场。

星际磁场和太阳磁场像是在玩一场推手掌的游戏，两边都试图用力推动对方，不过我们的太阳被力气更大的"星际磁场"压得死死的，动弹不得。

所以尽管受到太阳磁场影响的太阳风躁动不安，却仍然被星际磁场困在了一个较为稳定的空间里。每当有粒子企图挣脱太阳磁场、追求自由的时候，都会受到外面星际磁场的阻挠。星际磁场会将那些企图逃走的粒子们拦住，并把它们推回原本的地方。这样，粒子们就像是被困在了笼子中的小鸟，失去了自由，它们只能在属于它们自己的空间——日球层里飞翔。日球层的大小就是这个鸟笼子的大小，太阳风也只能在这个"笼子"里活动。

这样看起来，一直纹丝不动地保持着发型的太阳，可真得感谢星际磁场这个发型师了呢！

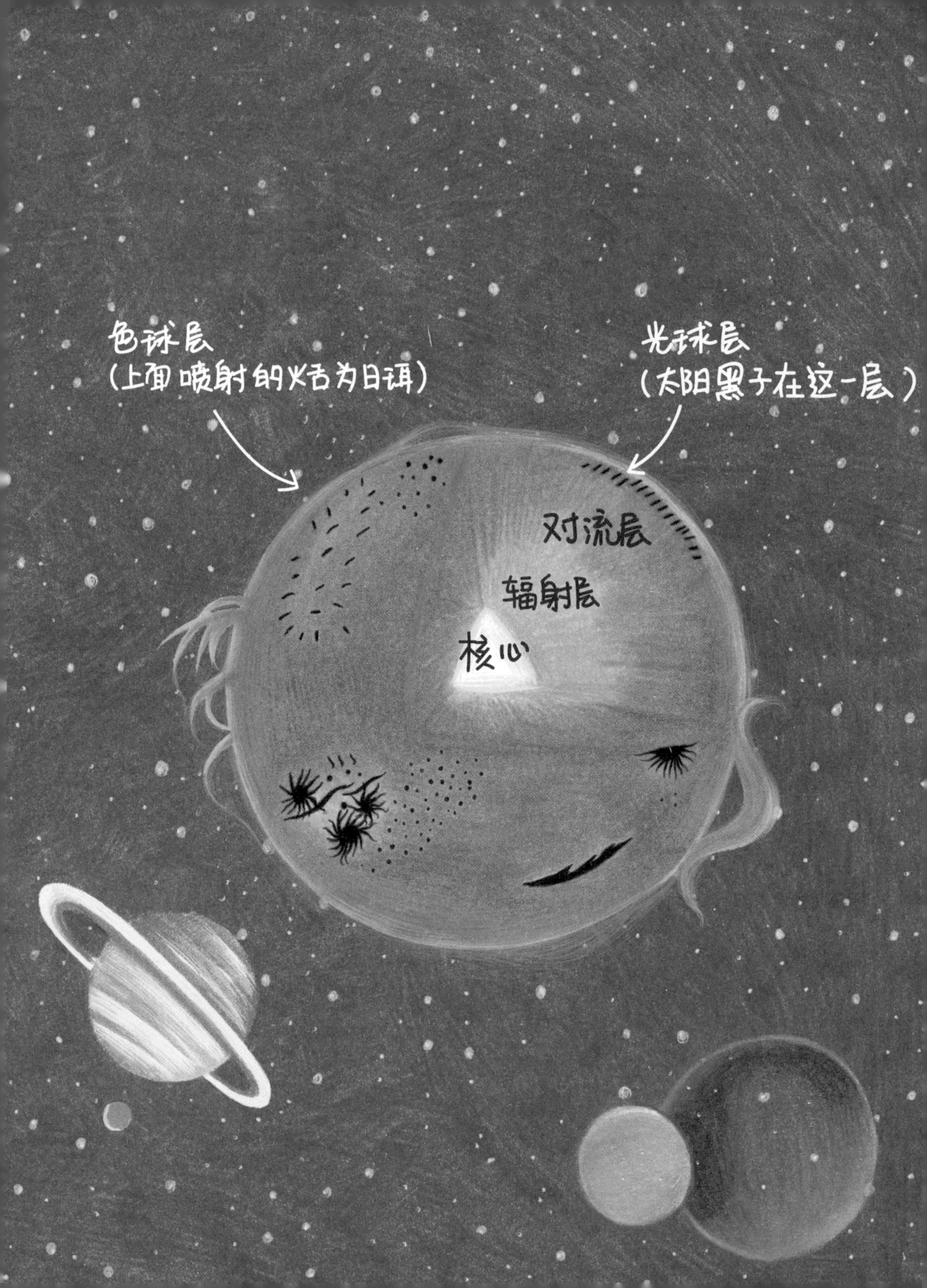

色球层
（上面喷射的火舌为日珥）

光球层
（太阳黑子在这一层）

对流层

辐射层

核心

漂泊宇宙的"流浪行星"

相信大家对太阳系并不陌生——太阳系中，地球和金星、水星等其他七个兄弟们忠诚地绕着太阳转，从来不会脱离轨道；而宇宙间还有无数个像太阳系这样的小团体存在。

"行星就该围绕着恒星转"，这个观念好像已经深深地刻在我们脑子里。不过偏偏有一类行星并不像我们熟知的那样听话，而是选择了在茫茫宇宙中流浪……

星空和大地，藏着那么多秘密

恒星系和行星系

我们的宇宙就像一盒什锦巧克力，暗物质和暗能量是包装盒里看不见摸不着的部分，而各式各样的天体则构成了盒子里不同口味、不同形状的巧克力——也就是宇宙空间里的星系。

不过"星系"这个概念可能会让一些小朋友觉得不太容易分清楚，那么换个更好理解的名字，我们可以叫它们"恒星系"，这样一来就直白多了。许许多多的恒星（发光发热的天体）藏在弥漫的星际尘埃之中，有独立的，也有三五成群的，更有一大拨聚在一起的（如我们熟悉的银河系、仙女座星系等），这些恒星都有个共同的名字——恒星系。

恒星系里不仅有恒星们，还会有一批围绕在恒星身边的行星。围绕着恒星的行星团体被称为行星系。

安分的行星小弟和漂泊的行星小弟

行星们在恒星的领导下，乖乖地在各自的轨道上运行。

它们享受着恒星大哥传来的光和热，彼此间关系和睦，没什么冲突，就像我们的太阳系一样。条件允许的时候，行星们还能捉住几个小弟兄跟随着自己——这些"小弟兄"被称作卫星（比如月亮就是地球的卫星）。除了会与有些冒冒失失、到处乱逛的小行星发生摩擦外，行星们的日子总体来看还是比较稳定的。可以说，行星一直算是那类比上不足、比下有余的安稳角色。

不过有句老话叫"人各有志"，大概行星们也"星各有志"，有些行星偏偏过着茕然一生、仗剑天涯的漂泊日子。于是我们开头提到的那些不听话的家伙们就拥有了一个简单、直白又大气的名字：流浪行星。

被迫去流浪的行星

流浪行星最大的特点就是：不围绕任何恒星进行公转活动。这样一看，它们好像颇有叛逆精神。不过，如果凭这个就认为它们是敢于冲破束缚的勇敢族群，那可就有点武断了。

毕竟，从某种意义上来说，行星和我们人类差不多，并不是一出生就能够自主选择在宇宙生活的方式。科学界的主流观点认为，流浪行星变成这样的生活状态，很可能是早期的其他行星等天体对它施加了引力影响，将它抛出了原来的行星系统；另一种可能性是，当这些行星还处于"原行星"的时候，就已经被无情地弹射出来。

小贴士
原行星

在原行星盘（新形成的年轻恒星外围的浓密气体）内和月球差不多大小的早期行星，就像我们人类出生前的胚胎一样。

另外，最新的天文研究还提供了一种新的流浪可能：当恒星以超新星爆发（也叫超新星爆炸）的绚烂方式死亡时，围绕在它的轨道间的行星，会被强力冲击波的排斥力弹出或者释放，因而得以在这场毁灭中逃脱。它失去了恒星的引力，只能流落在外……

不过，无论是哪一种流浪方式，看起来都不是这些行星的本意，所以流浪行星看起来好像也没有那么酷。但是换个角度来看，能有机会在宇宙间自由地游荡，听起来也没那么糟糕吧。

小贴士
超新星爆发

某些恒星会由于自身或外界的因素，经历一场剧烈的爆炸，使自身亮度猛增。爆炸结束后，恒星的亮度又会慢慢减弱。这样经历剧烈爆炸的恒星就叫作新星或超新星，超新星比新星更亮。比如北宋年间，我国星官记录下的"天关客星"就是一颗著名的超新星。现在，这颗星星被天文学家取名为"SN1054"，它爆炸后的遗迹形成了金牛座中的蟹状星云，星云中心的脉冲星是当年恒星的核心。

附近超新星爆炸,
产生的冲击波压缩
气体和尘埃云.

46亿年前的部分
气体和尘埃

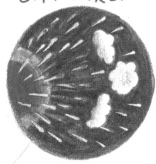

尘埃和气体
组成扁平旋转圆盘

太阳系
是如何形成的?

产生核聚变

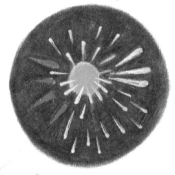

剩余材料
聚集成碎片

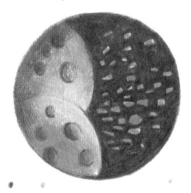

圆盘中心
吸收到
足够材料，
太阳形成

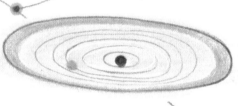

碎片形成行星、
卫星和彗星

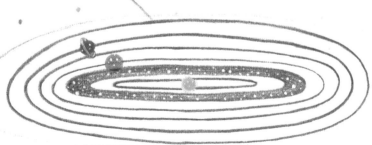

形成现在的太阳系

11

捕捉神秘的暗物质：
太空中的"捉迷藏"比赛！

宇宙中有巨量的物质和能量，其中能被人类仪器探测到的普通物质只占到 5%，其余的东西都是"捉迷藏"的专家，隐藏在虚空之中。

　　"暗物质"正是藏在神秘虚空中的一员——它的总量是普通物质的 5 倍，可惜它不会发出可见光或 X 射线那样的电磁辐射，因此我们人类的仪器设备在它面前就成了睁眼瞎。

　　好在暗物质有质量，可以和周围的物质发生引力作用，所以人们可以通过可见星体的一些特殊变化，推测出暗物质的存在。

这些白矮星好奇怪

不久前，科学家发现了五颗奇妙的白矮星。

作为步入晚年的恒星，白矮星不能像太阳那样通过核聚变产生新能量，它们只能不断失去热量，一年比一年冷。而白矮星中有一类周期性变化光度的脉动白矮星，能够以光度的变化幅度指示它们变冷的速度，它们就像天空中摇曳的烛火，一边忽明忽暗一边黯淡下去。这五颗白矮星正是脉动白矮星，但它们之所以奇妙，就是因为变冷的速度快得远超天文学家的预料。

那么，这些大量流失的热量到底去哪儿了呢？

天文学家认为白矮星体内会产生一种叫"轴子"的粒子，它其实就是传说中的暗物质。当轴子离开星体进入宇宙虚空时，就会带走白矮星的热量，让星体的冷却速度加快。根据科学研究中的假设，不光是白矮星，垂死的红巨星，甚至普通的恒星都会产生轴组成可观测物体的所有成分，叫作物质。物质一般有固体、气体、液体三种状态。

物体中物质的多少叫质量。在相同的重力条件下，质量大的物体比较重，质量小的物体比较轻。

一个物体作用于另一个物体时，可以传递能量。比如小朋友踢了球一下，就是向球传递了动能，所以球往前滚；太阳晒在小朋友身上，暖融融的，就是太阳向皮肤传递了热能。另外，能量还有电能、核能、光能、化学能、机械能等多种形式。

子，因为目前在一些红巨星的观察资料中，确实也出现了它们会加速变冷的证据。

轴子，真的存在吗

到目前为止，轴子还只是一种假想中的粒子，只存在于天文学家的算式中。

轴子经过星体的磁场时可能会暂时变成光子，划出可供人类仪器捕捉的微光，因此那五颗白矮星中潜藏的轴子也许就会变成我们看得到的东西，出卖暗物质的行踪。

如今，意大利和英国的物理学家已张开天网，没准再过几年，人类就可以捉住轴子这尾滑溜溜的大鱼。

欣赏双星的死亡之舞

　　如果小朋友们喜欢抬头看星空的话,你们可能听说过"夏季大三角"——在银河两岸遥遥相望的牛郎星、织女星和银河中熠熠生辉的天津四,会在夏季的东南方高空中构成一个显眼的三角形。

　　不过天文学家告诉我们,天津四所在的天鹅座,居然会在若干年后多出一颗星!

"天鹅"身上多出了一颗星

　　天津四又称天鹅座 α，它位于天鹅座的"肚子"上。

　　不过在短短几年后，天鹅的左翼也许就会多出一颗星——这个原本空无一物的地方会赫然亮起一颗新星。新星将和北极星一样明亮，大家不需要望远镜，仅仅靠肉眼就能看见它了。

　　这可不是什么科幻小说，而是美国加尔文学院的天文学家莫尔纳做出的预言。其实这颗"多"出来的星星并不是真的新生星星，只是因为它原来太暗了，我们看不到。而在

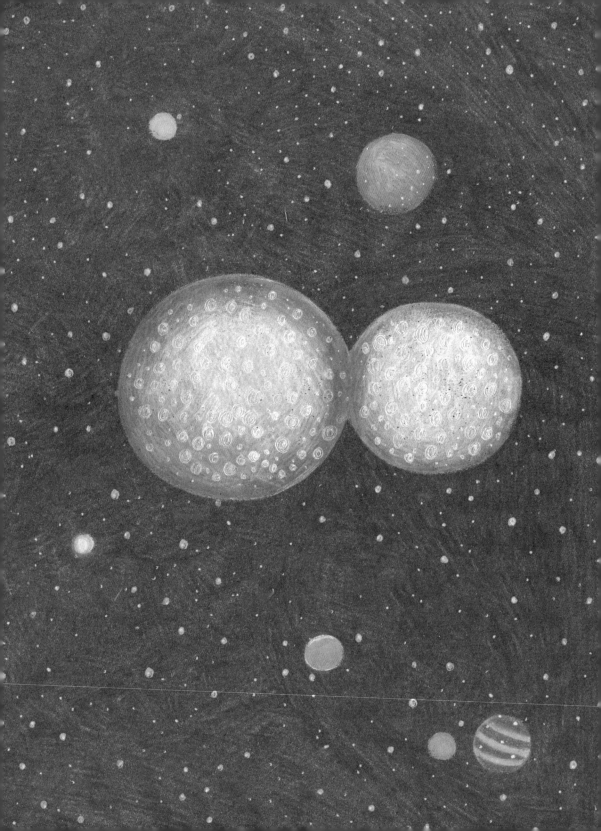

2022 年，它会爆炸，浴火重生为一颗红色的新星。

脉冲星和食变星

莫尔纳和同事们从 2013 年就开始观察这颗名叫 KIC9832227 的星星。他们之所以注意到它，是因为这颗星星的亮度一会儿高一会儿低，有着周期性的变化——这可不是通常我们说的"一闪一闪亮晶晶"。

普通的星星会"眨眼"，完全是地球大气流动造成的障眼法，星星自身的亮度几乎是恒定的。可有一类特殊的星星，即使排除大气的影响，它的亮度也有明显的变化。这类星星又分两种类型：一种叫脉冲星，它像我们的心脏一样会"扑通扑通"地搏动，自身体积也随之有规律地涨大和缩小；另一种叫食变星，其实是由两颗恒星组成的双星系统，一颗转到另一颗身后时就会被遮住，从而变暗，而其他时间则比较亮。

亲密无间的两颗星星

经过数年的观察，莫尔纳小组确定位于天鹅座的这颗 KIC9832227 就是个双星系统。不仅如此，这两颗恒星还是"密接双星"——顾名思义，就是靠得特别紧的两颗星。它们俩靠得有多紧呢？这两颗星星的外层大气都连到一块儿了，看上去就像一粒花生，两颗星星你挨着我、我挨着你，哥俩好到穿一条裤子。

不过这对恒星兄弟太要好了可不是什么好事。莫尔纳发现，KIC9832227 双星系统就像两个抱在一起疯狂跳舞的小人，而且是越跳越快、越转越近！如果它们近到一定程度，两颗星必然会迎头撞上，撞个头破血流……

而在它们轰然撞上的时刻，距我们1800 多光年外就会发生一场壮丽的爆炸，产生的红新星亮度是原来星星兄弟亮度的1000 倍！释放出的巨大能量，相当于太阳终其一生所能释放的能量。

2022 年（最多相差一年）——这是莫尔纳预言的双星碰撞时间，也就是红新星的爆发时间。双星的死亡之舞将迎来千载难逢的终曲，到时候大家请一定记得抬起头，看看那颗红色的明星是否如约在天鹅座左翼点亮。

灿烂终结——优雅老去的超新星

　　天上的星星总是离我们那么遥远，又那么神秘，就好像一直存在，没什么大变化。其实，我们肉眼能看到的星星，大部分都是恒星。它们和人类一样，有生和死的过程。

　　不过，恒星的死亡方式有点特殊。科学家们经过研究得出了一个结论：质量约为太阳质量 8 ～ 25 倍的恒星，最终可能发生超新星爆发。

恒星为什么会发光发热

　　我们时常会觉得离我们最近的太阳可厉害了，像个大家长一样，为太阳系里的孩子们提供光和热。可是和宇宙中的其他恒星比起来，太阳却显得有些娇小。

　　其实，无论是太阳还是其他的大个头恒星，明亮炙热的光鲜外表都是由它们身体最深处的能源物质提供的。

　　恒星的核心不断进行着一种叫作"核聚变"的反应，它会让氢的同位素氕（piē，不含中子）和氘（dāo，

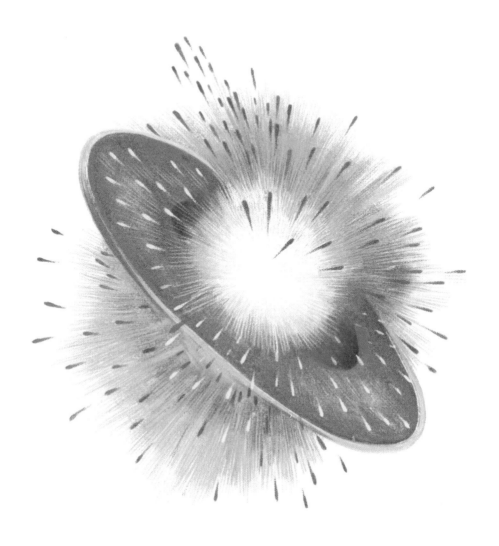

含有一个中子）一步一步变成更重的氦原子。在这个
连锁反应的过程中会释放大量的能量，辐射出光和热。
同时，热量和高温在恒星内部产生很高的压力，好像
平时家里用来炖汤的高压锅，里面的水蒸气总想要把
盖子掀开。

恒星的"辉煌"时刻——超新星

可是无论恒星再怎么厉害，能量也终会有耗尽的那一天。

到那时，它们炙热的内核不能再产生能量，就好像热气球一下子泄了气。再加上恒星内核的巨大引力，它们就会拼命向内核收缩，就像一个又大又蓬松的棉花糖突然被使劲捏成了一个又小又结实的糖团——这个过程，被形象地称为恒星的"坍缩"，恒星就成了密度很大、体积很小的星体。

说到这儿，想必小朋友们有些摸不着头脑了——不是说恒星会爆发成体积很大的超新星吗，可它这么一坍缩，不是变小了吗？别急，让我们接着往下说。

刚刚提到了恒星会向内坍缩，坍缩的速度快得惊人，整个过程就是在一瞬间发生的。此时，恒星的外壳迅速收缩，而由于能量可以转化，收缩过程中产生的动能就转换成了热能。打个比方吧，冬天小朋友们很冷的时候总会习惯性地搓手，之后冰凉的小手就会变得暖和不少，这就是双手的运动为我们带来了热能。

恒星坍缩时，高速运动的外壳猛地撞上坚硬的内核，又被毫不留情地弹了出去，外壳碎片一下子向外爆发，造成超新星爆炸的可能。爆发后的星体会在一瞬间变得很亮，周围则是一层又一层的滚滚热浪，十分壮观。

远远看上去，经历着超新星爆炸的它们又大又亮，就像突然出现在天空中一样。超新星——这个名字听起来也十分厉害，不过，其实它们并不如我们看上去的那么绚烂，更不是什么刚刚诞生的恒星宝宝——恰恰相反，超新星的出现，预示着一颗年老的恒星即将寿终正寝。

著名的 1987A 超新星爆炸

说到这儿，就不得不提历史上特别轰动的一次超新星爆发了——这场爆发的主角是1987年被发现的1987A超新星。像这样用肉眼就能观测到的爆发，还是400年来头一次（上一次是1604年）。况且，这颗预示着生命终结的超新星在离我们仅仅16万光年的大麦哲伦云中，和其他动辄就是几百万光年的遥远星系比起来，它可是我们的近邻呢！

从它爆发到现在已经过去了30多年，可科学家对它的观测却从来没有停下脚步。

那场超新星爆炸所产生的元素和气流，到现在都还存在于星际空间中，搅动着周围的环境。比如当时冲击波撞击气体环时留下了许多"光斑"，看起来就像一条闪亮的项链。现在，这条"项链"虽然在时光的打磨下变得有些暗淡，但是它依旧在宇宙中闪耀，风采不减当年。

小贴士

大麦哲伦云

银河系的伴星系，物质稀薄，呈云雾状，在南半球的天空中非常醒目。

气体环

环绕着行星的环形气体云或等离子体（等离子体是除了固体、液体、气体这三种状态外，物质的第四种状态，呈现出近似电中性的性质），气体环大多是由卫星的大气层和行星的磁场相互作用而形成的。

稀奇古怪的星星——"僵尸恒星"

　　生老病死是我们每个人都会经历的阶段，而诞生、成熟、衰老、死亡，这些看起来和我们人类有关系的词，也存在于恒星的漫长生命里。

　　可是，总有那么些奇怪的家伙偏偏不肯按部就班地生活，它们，就是我们今天的主角——僵尸恒星。

拥有起死回生的"超能力"

提到僵尸，估计大家的脑子里会出现不少经典形象，比如《植物大战僵尸》里那些缓慢丑陋的家伙们……

那么，"僵尸恒星"是不是也是那副面目可怖的样子呢？其实没有。大家千万别因为名字而忽略它们的美——比如有的僵尸恒星，坍缩的星体外面有一圈灿烂的尘埃，好像罩了一层轻柔内敛的"薄纱"，反倒让僵尸恒星颇有几分优雅的气质。

它们之所以被封上"僵尸"的名号，最大的原因还是因为它们有"起死回生"的能力，也就是我们常说的"复活"。

实际上，平时持续恒定地对外喷射物质、为我们提供光与热的恒星，也免不了会有燃料耗尽的时候。无论此前有多么灿烂，待到彻底冷却的那一天，也就宣告了恒星生命的终结。不过，恒星的起死回生可没有电影或电视里表现得那么玄乎——恒星的"复活"，指的是它们死亡之后，仍有向外界喷发物质的活动。

僵尸恒星的复活过程

通常，生命走到尽头的恒星们会"回光返照"。氢能源耗尽的它们因为内力和外力的不均衡，其中的物质开始剧烈地向外喷发，以绚烂的超新星爆发向人们传达消息。爆发完了，恒星生涯看似也就结束了：它们该成中子星的成了中子星；该成白矮星的也开始内敛起来，换上了灰白色的外衣。恒星的"尸体"们以另一种形式在宇宙间继续前行。

可是，一些已经成为白矮星的恒星却不甘心就这么"撒手人寰"。于是，它们还存有余热的身体就像没凉透的"尸体"，一股热血冲上头，好好的"尸体"白矮星就"诈尸"成了僵尸恒星。这时，恰巧陪伴在这些星体身边的红巨星，就成了被下手的对象。

红巨星就是垂垂老矣的大质量恒星，它们发福成一副虚胖的身材，膨胀得像气球，物质结构也很稀松，自然没有更多的精力抓牢自己身体的每一部分。与之相反的白矮星，或者说"死亡"的恒星，被挤压成了高密度的状态，实在是憋屈得要命。还好，有失必有得，强引力帮助它们贪婪地从红巨星老人家身上吸取物质，被吸附而来的物质一圈又一圈地攀附在身体上，疯狂增加着白矮星的腰围……

当吸收的物质足够多、连白矮星自己也驾驭不了的时候，看似停止活动的恒星"尸体"重新爆发，成为"复活"的僵尸恒星，完成逆袭。

不死之躯

在我们的宇宙里，这可能成为一个常态——也就是说，能够持续吸收其他恒星物质的恒星"尸体"可能有多次活动，一而再，再而三地"复活"，成为不死之躯。

顺带一提，僵尸恒星死亡爆炸的意义可能远远超出我们的想象，这项研究兴许能撬开暗能量之谜的小小一角呢。

小贴士
恒星的"死亡"

晚年恒星的结局取决于自身质量。比太阳的内核质量大一些的恒星，超新星爆发后会演化成中子星；和太阳的内核质量差不多的恒星，演化成白矮星；比太阳的内核质量大得多的恒星，最终会演化成黑洞。以前，我们认为中子星、白矮星和黑洞是所有晚年恒星的归宿，但现在新发现表明，恒星的结局或许不止这三种。

星空和大地，藏着那么多秘密

恒星的演变

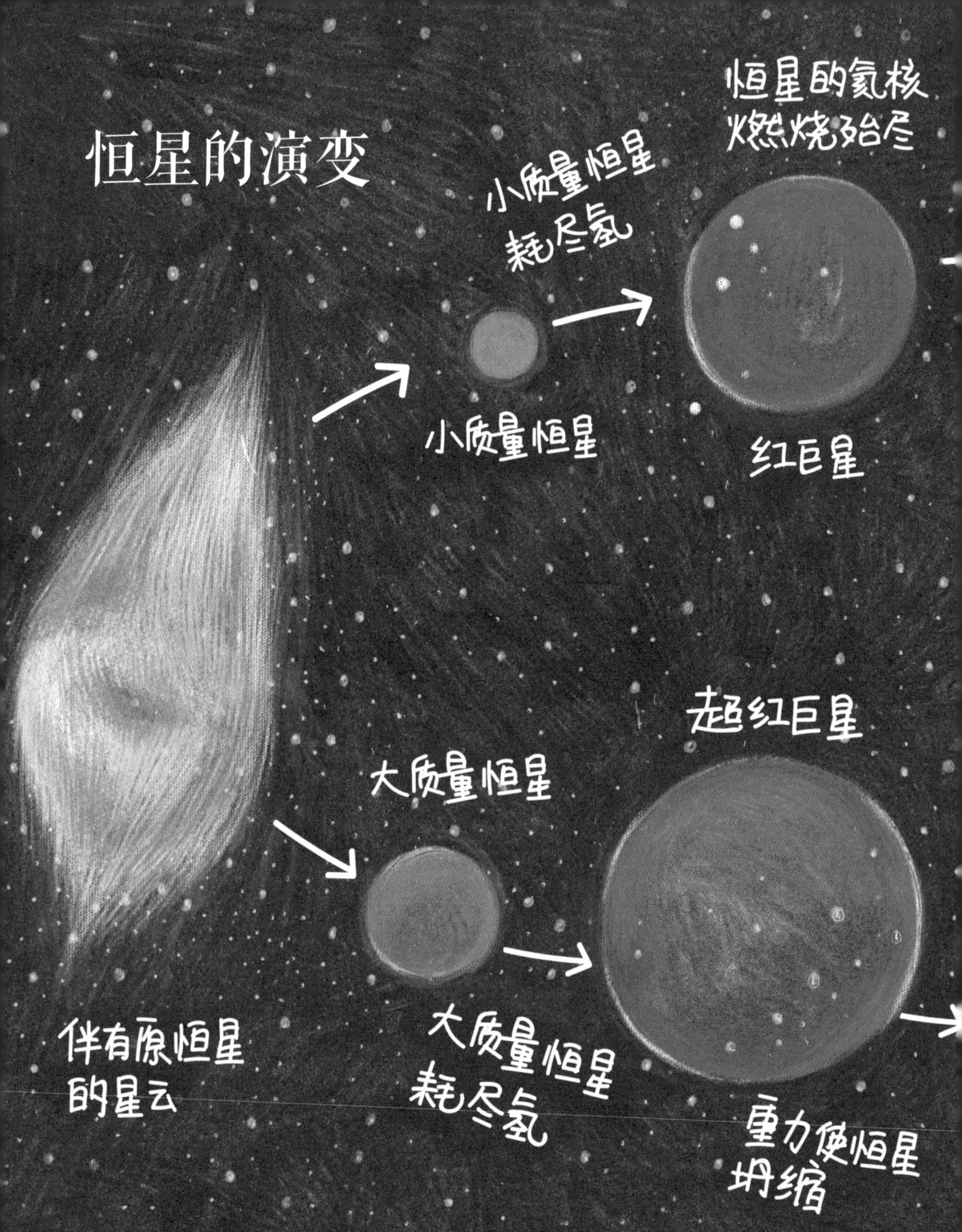

小质量恒星
耗尽氢

恒星的氦核
燃烧殆尽

小质量恒星

红巨星

超红巨星

大质量恒星

伴有原恒星
的星云

大质量恒星
耗尽氢

重力使恒星
坍缩

白矮星未毛尽
剩余能量

→ 白矮星 →

褐矮星

行星状星云

内核比太阳
大很多的恒星 ⟶

黑洞

超新星

中子星

⟶ 内核比太阳
大一些的恒星

身着夜行衣的低调天体——褐矮星

为了那些喜欢抬头看天的天文爱好者们，美国宇航局发布了一个名叫"Backyard Worlds: Planet 9（后院的世界：第九颗行星）"的全民科学网站，可以让普通的天文爱好者参与搜寻系外行星。

来自不同国家的四位天文爱好者，基于红外望远镜的观测数据，发现了一个距离太阳大约 100 光年的"寒冷新世界"！

天文学家表示，这颗未知星球是一颗寒冷褐矮星——这可是一个重大发现。

发现新世界

提到褐矮星，可能有的小朋友脑子里会首先蹦出"白矮星"这个名词。白矮星是高密度、体积比较小、呈现出白色光泽的晚年恒星，那么褐矮星难道就是穿着棕色外衣的白矮星兄弟吗？

当然不会那么简单，褐矮星实际上是一类很独特的天体。

在宇宙天体中，褐矮星的个子比较小，质量也不够大，并不足以在自身的核心处点燃核聚变反应，因此也不太能像太阳那种大火球一样产生高温和高能量。有的褐矮星表面温度甚至仅有 27℃，许多天文学家认为它们已经脱离了恒星的范畴，是次于恒星的"次恒星"。尽管如此，属于"矮星"行列的它们，质量还是要显著高于传统的行星，所以褐矮星是质量介于最小恒星与最大行星之间的气态天体。

小贴士

气态天体

....

恒星是内部进行核聚变反应的高温发光星体，由炽热的气体组成。

行星则是内部没有核聚变反应的低温不发光星体。有些行星的组成物质重，表面为固态，比如我们的地球；有些行星的组成物质轻，多为氢和氦，没有坚实的行星表面，比如木星和土星，这就是气态行星。

恒星和气态行星同为气态天体。

....

难以找到的独特星球

褐矮星的确如自己的名字一般，穿着低调的暗色系外衣在茫茫的宇宙间游荡。

但低调的颜色不是棕褐色，只是它们发出的光太过微弱，甚至不起眼到科学家们无法判断它们的实际颜色，所以美国天文学家吉尔·塔特才选择以褐色这样的合成色来给这类天体命名。

褐矮星的低调特点让它们很像太空中的夜行侠，黯淡的外表更为它们增添了不少神秘感，科学家连找到它们都很难，更别提进行相应的具体研究了。所以直到 1995 年，褐矮星才被坚持不懈的天文学家首次发现。

小贴士

恒星的颜色

恒星的颜色与它的温度有直接关系。根据温度不同，有蓝白、白、黄白、黄（太阳属于此类型）等颜色。恒星温度越低，辐射光的能量越低，颜色就偏红，反之偏蓝。

褐矮星真的失败吗

正是因为自己独特的性质，褐矮星一直以来都有个尴尬的外号——"失败的恒星"。这么说其实有些委屈它，因为人家比上不足，但和行星相比还是绰绰有余的嘛！

好在低质量恒星的观测和研究成了近年来恒星领域的研究热点之一，随着越来越多的褐矮星被科学家们发现，它们也使我们对恒星与行星的本质有了更深刻的认识。

同时，由于褐矮星的形成可能既不同于恒星也不同于行星，对它们形成过程的研究，可以帮助我们更透彻地理解恒星及行星的形成过程。

小贴士
低质量恒星

质量不超过 4 倍太阳质量的恒星。它们的一生先作为主序星发光发热，再演变成红巨星，最后变成白矮星，步入漫长的老年期。

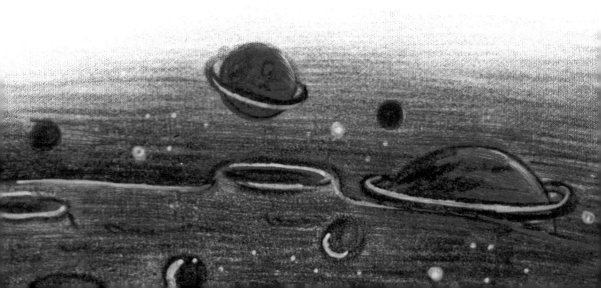

'16

爱臭美的银河系，星流项链挂满身

估计大多数女孩子都喜欢那些光彩闪烁的装饰品——特别是项链，往脖子上一戴，别提多漂亮了。可大家知道吗？我们的银河系也是个爱臭美的家伙。它不仅爱戴项链，还特别土豪，随随便便就戴了十七八条。

星星做成的璀璨项链

身处宇宙的银河系，戴的项链也绝非凡品。金银钻石？那都太俗啦！人家戴的可是"星流"项链。"星流"这两个字虽然听起来很梦幻，却是实实在在的科学概念：按字面意思来解释，就是星星汇成的河流。

银河系像个大飞盘，在这个大飞盘之外还有许多小星系众星捧月一般陪伴着它。这些小星系含有的物质少，被科学家们叫作"矮星系"——比如有名的大、小麦哲伦云，就是两个形状不规则的矮星系。

早在 20 世纪 70 年代，天文学家就发现在这些矮星系的周围有高速流动的气体云，气体云中的恒星会排成宽宽的带状。接下来的观察更使人们大吃一惊：这些星带其实是一个个硕大的环状物，它们一圈一圈套在银河系上构成"星流场"，的确很像一条条项链。位于其上的矮星系，就是项链上一颗颗显眼的"吊坠"。

被银河系抢来的"项链"

　　星流项链听上去很浪漫，可要说起它们的来历却让人觉得异常惨烈。

　　原来，矮星系们并不是心甘情愿地成为银河系的附庸的。

　　银河系个子大，力气也大，它能把附近的矮星系全部拽到眼前，让它们统统围着自己转。而矮星系会被银河系强大的引力作用撕碎，一边绕着它转动，一边变得四分五裂。所以，那一条条星流项链，其实是矮星系一路滴落的鲜血和散落的残骸——它们记录了矮星系分崩离析的血泪史，也是银河系使用蛮力吞并弱小邻居的证据。

　　最终，银河系会把它附近的矮星系吞入腹中，将它们变成自己的骨中骨、肉中肉。

银河系周围最宏伟的星流

最近，哈佛大学的科学家根据计算发现，以往被人们定义为银河系最外缘的 11 颗恒星中，有 5 颗其实都来自人马座星流，是银河系生生从身旁一个球形的矮星系——人马座矮球星系身上剥下来的。

人马座矮球星系的质量只有银河系的千分之一，绕银河系一周要耗费 10 亿年。从被银河系捕获至今，它已绕着我们的星系转了 10 圈以上，制造出了银河系周围最宏伟的星流。虽然它每转一圈就要被"扒一层皮"，但这个矮星系却异常顽强，仍然保持着完美的球形。科学家认为它包含着大量看不见的暗物质，研究它所留下的星流项链，将成为寻找暗物质的重要线索。

对了，星流项链可不是银河系的专利，我们附近的仙女星系也是挂满项链的土豪，更别说那些我们尚未观测到的河外星系了。寂静的宇宙中，其实处处上演着热闹的戏码，鲜血淋漓的牺牲、惊心动魄的倾轧，最终绘就一幅壮丽的宇宙画卷。

钻透地球的外壳

　　鸡蛋想必大家都熟悉：它的最外面是一层薄薄的硬壳，剥开来就是嫩滑的蛋白，蛋白深处还藏着圆圆的蛋黄。这鸡蛋要是长得再圆一点，简直就像是能吃的地球模型了。

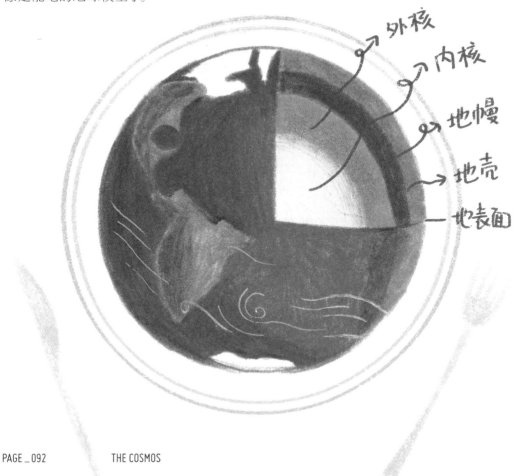

外核
内核
地幔
地壳
地表面

地球像个大鸡蛋

我们的地球并不是一个实心的土球或是岩石球，它也像鸡蛋一样，有着一层一层的结构。

地球最外面是一层薄薄的壳——鸡蛋的外壳叫蛋壳，地球的外壳就叫作地壳（qiào）。地壳的平均厚度大约是 17 千米——有的小朋友可能要问了，17 千米怎么能算是"薄薄的壳"呢？世界最高峰珠穆朗玛峰也才 8844 米，地壳的平均厚度都相当于两座珠穆朗玛峰叠起来了。但是，蛋壳薄不薄不能光看壳本身，还要看鸡蛋的个头，地球也一样。地球从中心到表面，直径足足有 6400 千米，对比这么大的地球，17 千米的外壳连三百分之一都不到，当然要算薄皮啦。

说完薄皮，我们再来说"大馅"。地壳之下一直到 2900 千米的深度是地幔——和鸡蛋的蛋白一样，这部分也是地球内部体积和质量最大的一层。

从 2900 千米的地方再一直到地心，这部分是地核——就相当于蛋黄。地核又分为两个部分，从 2900 千米到 5150 千米深的部分是外核，剩下的是内核。内核是固态的，外核则很有可能是液态，这么说来，地球还很可能是个"溏心蛋"呢！

比太空更神秘的地球

虽然我们就生活在地球上，但是大地深处对于我们来说却像太空一样神秘，说不定比太空还遥不可及——因为我们能遥望星空，却没法俯瞰地心。在人类已经登上过月球、探测过火星的今天，对于脚下的地球，我们却连那层薄薄的外壳都没法突破。地幔什么样，地核什么样，从来没人见过。

对于地球深处的研究，要么靠地震波的传播特点和速度变化来分析，要么就得靠火山喷涌出的岩浆了。可是，地震波终究只是推测；岩浆虽然来自地幔，却在上升的过程中混入了地壳中的物质，变成了"混血儿"……对这两者的研究，就像想要了解一个人时，只是听听别人描述或只能见见他的儿女亲戚，终究不如面对面地见他本人来得有效。

小贴士

地震波

....

地震波是地震时从震源向四面八方传播的震动。汶川发生地震，遥远的北京都能感觉到大地震动，这就是地震波造成的。地震波也会向地球内部传播。根据地震波的传播速度变化和折射、反射等现象，可以推测地球内部的结构。

....

向地球深处前进

地球的地壳分为大陆地壳和大洋地壳两种,分属不同的板块(大陆板块 / 大洋板块)。陆壳厚,洋壳薄。科学家们也觉得,研究地球内部还是要实打实地挖出来瞧瞧才好。他们尝试着挖了很多洞,这之中挖得最深的就是苏联的"科拉超深钻孔工程"。这个洞从 20 世纪 70 年代美苏争霸时期就开始挖,一直挖到苏联解体,足足挖了 12262 米。

然而地球深处的秘密可不是那么容易就能挖出来的,高昂的费用和超深钻探的技术难题一直是两只拦路猛虎。直到今天,人类仍然没能钻透地球的外壳。不过,拦路虎可挡不住科学家们探索的决心。

现在,又有科学家要踏上探索地球深处的征程了。这批来自日本的科学家打算从海上动手,使用日本最大的深海钻探船"地球号",先穿过 4000 米的海水,再钻透大约 6000 米的大洋地壳,做第一个挖到地幔的人。

2017 年，他们就奔赴夏威夷附近海域开始前期研究了，而钻探有希望在三五年后（最迟会在 2030 年前）启动，预计要花费 5.4 亿美元。如果他们能够成功钻透地壳，取回地幔样品，我们就能亲眼瞧瞧地幔长什么样、地幔和地壳是怎么分界的、地震波的推测到底对不对、地幔里面会不会有生命……我们对地球内部的研究，也就能从"耳听为虚"向着"眼见为实"大踏步地迈进了。

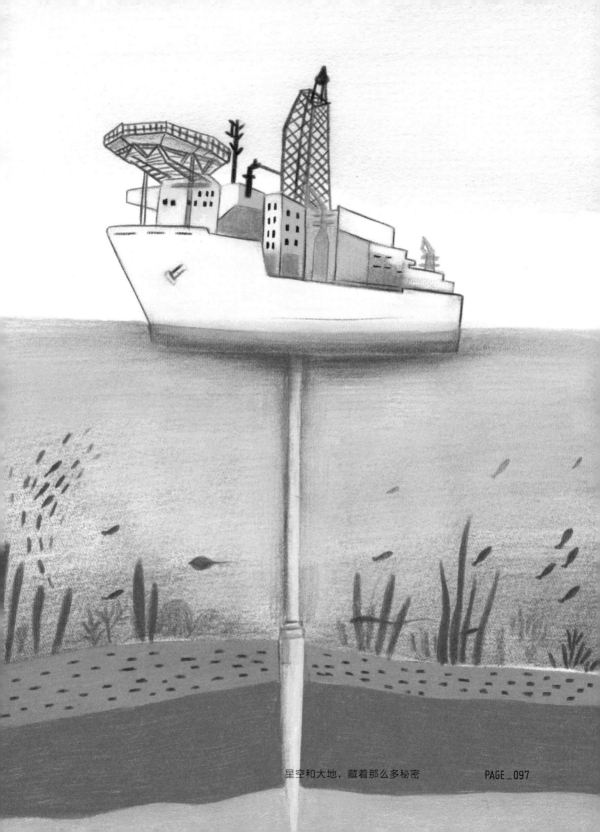

星空和大地，藏着那么多秘密　　　PAGE_097

西兰洲：世界第八大洲？

我们都知道，地球上有七大洲、四大洋。这七大洲分别是亚洲、欧洲、非洲、大洋洲、北美洲、南美洲和南极洲；四大洋则是太平洋、大西洋、印度洋和北冰洋。可是，2017 年 2 月，科学家们却宣称发现了第八大洲，这是怎么回事呢？

和西兰花没关系的西兰洲

大家先别激动！这第八大洲不是什么沉没的大西岛或消失的亚特兰蒂斯，科学家们叫它"西兰洲"。

哎呀，这名字可特别容易联想到某种蔬菜啊……西兰洲可没盛产西兰花，"西兰"二字也和这种蔬菜没有一点关系。之所以叫这个名字，是因为新大陆的位置在岛国新西兰周围，紧邻澳大利亚东缘，正好坐落于太平洋西南腹地中。

请先别急着问西兰洲的风土人情、珍禽异兽，大家是不是以为我们又多了块人间乐土，可以探险和旅游了？在这里给大家提个醒，你们想得太美了——西兰洲94%以上的土地都在海平面以下，只有个别几块地方耸出海面，成为零星的岛屿。其中最大的是新西兰，此外还有法属新喀里多尼亚、斐济、汤加等岛国。

这听起来还真奇怪，大洲和大陆有哪个是泡在水里的？这好像不科学啊！其实，"第八大洲"这个概念是一群地质学家提出来的，而他们口中的"大洲""大陆"，和我们平常的理解有些不同。

想当"大洲"？先满足这三条

在地质学家眼里，我们的地球就像一只刚从冷藏室里拿出来的苹果。苹果表面凝结的那层水汽就是我们的大气圈和水圈，上有云层翻涌、风雨雷电，下有江河湖泽、浩瀚大海。薄薄一层苹果皮则代表岩石圈。人类曾以为岩石圈坚实厚重、亘古不变，但近现代的地质学家却发现，这层坚硬的壳相较于地球的体积来说，就像大湖之上的一层薄冰——而且这层薄冰还不是死板一块，它们是很多块浮冰状的"板块"，由地底下热而黏稠的岩浆托举着，在地球的表面四处漂流。

这些漂流在地球表面的板块里，地质学家认为只有一类特殊的板块才能叫作"大洲"，这个判别标准不是由它与海面的相对位置来定，而是另有一套特殊的标准。

标准有三条：

第一，它必须是"大陆板块"。这个"大陆"不是"高出海面"这么简单，作为大陆板块，要满足五个字——"厚""轻""慢""老""杂"。

地球上的板块可以粗略分为两大类——大陆板块

和大洋板块。大陆板块厚，所以才有大块的高原和入云的山峰；它的密度小，比大洋板块轻，所以地震波穿过它比穿过大洋板块慢；也因为大陆板块比较轻，难以下沉，所以大洋板块更容易沉入地底熔为岩浆，而很多大陆板块却自地球表层凝固后就未曾沉入过地下，始终保持着古老的面貌；大陆板块越古老，经历就越丰富，如果说大洋板块像未经世事的少年，那么大陆板块就是历经沧桑的老人；岩石成分异常复杂，可以写厚厚几部书。

当得起"厚""轻""慢""老""杂"五个字，才称得上"大陆板块"，西兰洲是完全符合这几个条件的。但这五个字只是成为"大洲"的先决条件。

第二，大洲得"高"。

这个"高"也不是"高出海面"，而是指高出它四周的大洋板块。西兰洲虽然平均海拔低于海平面1100米，但周围的大洋板块却在海面以下2500米至4000米。虽然有点"矮子里拔将军"的味道，但按照定义，西兰洲确实比它周围的大洋板块高出不少。

第三，大洲毫无疑问得"大"。

写论文证明西兰洲是第八大洲的地质学家们有个

提议：所有大洲都得和周围的板块——特别是大陆板块有明确的边界，这些边界通常是深深的海沟或海槽。另外，由这些边界所框出的面积应大于100万平方千米——西兰洲和西边的澳大利亚之间正好有一道卡托海槽，这道边界明明白白地告诉人们，西兰洲是独立于大洋洲的一个大陆板块。而且西兰洲那些沉于水底却高于周围大洋板块的地界加起来有490万平方千米，也符合地质学家们的提议（顺便说一声，亚洲和欧洲之间是相连的，所以地质学家把它俩视为一体，取名"欧亚大陆"，不叫"欧亚洲"哦）。

所以，新鲜出炉的第八大洲西兰洲其实是地质学家们定义的一块又高又大的大陆板块，可它现在还沉在海里，没办法让我们像发现美洲时一样漂洋过海去移民。但没准等下个冰期到来，许多海里的水变成堆积在陆上的冰雪时，我们就能在海平面下降后一睹它的真容。

别忘了，古老的大陆板块可是很经得起等待的。

19

北极冰盖渐小，冰海生物难熬

在我们国家的大多数地方，都能体验到明显的四季变化，但是地球上确实有着一年到头都白雪皑皑的冻土，比如某些高山之巅，又比如南北极。

小贴士
地球气候带

....

一个地方的天气会因为当地纬度、地形、海拔、冰雪覆盖和河流的影响，在一年中经历规律性的变化，并年复一年地循环。这种长时间的规律性天气变化，就是气候。

把地球上气候相近的地区连起来，能在地球上划出大致呈横向的条带，这就是气候带。最简单的气候带以气候的凉热来区分，比如热带、亚热带、温带和寒带。我国的大部分地区都属于温带气候。

....

北极冰盖的危机

南极是一块冰陆，北极是一片冰海，南北极的冰盖对地球气候带的分布有极大的影响。

人类步入工业文明之后，大量燃烧煤和石油，由此引起的全球变暖现象让地球发起了"高烧"。在这种情况下，北极的冰盖虽然还是会随着季节消长，总体上却呈现出缩小的趋势。举例来说，2018 年 2 月，北极正值隆冬，然而科学家记录下的数据却显示，冰盖面积仅为 1395 万平方千米。不仅比 2017 年 2 月更小，还比 1981 年~2010 年这 30 年的 2 月平均冰盖面积小了整整十分之一。

北极圈的巨大改变，对那些生存在这里的、怕热不怕冷的生物来说，可是倒了霉。冰藻更是首当其冲。

小冰藻引发的惨案

　　"大鱼吃小鱼，小鱼吃虾米"——生态系统中的各种生物层层相食，一环套一环，形成一条长长的食物链。在北极的生态系统中，冰藻是食物链中最初的一环。

　　冰藻是生活于冰面下方的藻类植物，它附着在冰晶上，与盐度极高的海水相接触，在光照很弱时也能生长，并制造出丰富的有机物。数不清的细小浮游动物以冰藻为食，构成食物链的第二环；虾等甲壳动物和鱼类则是第三环，后面跟着的是海豹、北极熊等动物。

　　如果说北极的生态系统是幢高楼，那么冰藻就相当于它的地基。冰盖消融会让冰藻失去栖身之处，于是冰藻大大减少，靠它维生的浮游动物、鱼虾也随之减少，接着很多海豹、北极熊也会饿死……北极生态系统这幢大楼也就摇摇欲坠了。

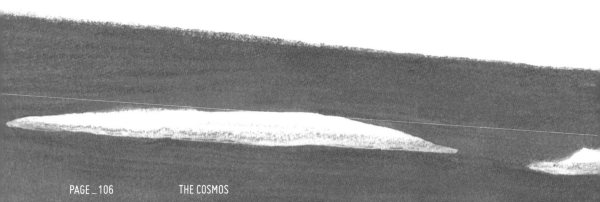

我们能做些什么

　　由于北半球集中了地球上的大部分陆地和生物，所以北极冰盖的减少对我们这些北半球的居民来说，是"牵一发而动全身"的——今年冰盖减少，说不定就会成为明年几场超大台风的祸因。

　　因此，请各位小朋友千万不要小看少开私家车、节约用电等小事情，它们可是开给地球的退烧药，能有效减少温室气体的排放。

　　为了地球极地的白帽子不消失，为了极地生物不失去家园，为了明天的我们能少经历气候灾害，大家一定要一起努力哦！

20

喜忧参半：南极冰盖下发现 100 多座火山

上一篇我们讲到北极,现在让我们把目光转到地球的另一端——南极。

南极是一片冰封的大陆,可是谁能想到,就在莽莽冰原之下,却上演着一出"冰与火之歌"——英国爱丁堡大学的一组地质学家在南极洲西部的盆地地带新发现了 91 座火山。加上以前知道的 47 座火山,南极洲已知的火山数就破百了。

地壳下的"大锅炉"

地球表面的地壳看上去稳如磐石，实际上却一直上演着红红火火的大戏。地壳下灼热的地幔物质会在某些地方喷涌而出，直冲上部地壳，形成一个个高温区域，这些地方被地质学家们称为"热点"。热点密集的地区容易出现密集的火山群。毕竟上部冷硬的地壳就像挡住沸腾开水的锅盖，下面有地幔的大火煮着，这个锅盖时不时就会被沸腾的岩浆掀开。

有些时候，地壳下部的热量太强大，密集的火山口都不足以释放地底的压力，大陆便会被活活撕开，发育成裂谷——著名的"人类摇篮"东非大裂谷就是这样形成的。

大陆裂谷进一步拉宽、加深，便会积水成为狭海，最终诞生真正的大洋。红海就是裂谷发育的产物，它如果更进一步发展，就会变成大西洋那样的海洋。

地下深处非常热，岩石被熔化成液态的岩浆。当这些岩浆在地壳表面找到缺口或裂缝时，便会和一些气体、尘埃一同冲出来，在地表冷却后堆积成山，成为火山。

有些火山活动很剧烈，土地温度高，会不停地喷发，这种是活火山。有些火山虽然在久远的过去喷发过，现在却已不再活动，叫死火山。有些活火山会在很长一段时间内不喷发，表面看和死火山一样，但仍具有喷发的能力。于是不喷发的时间段就是火山的休眠期，处于这个时期的火山就是休眠火山。

西南极洲裂谷系统

让我们回过头来接着说藏身于南极冰盖下的火山。

这 100 多座火山也排布得非常密集，它们集中于一道绵延 3000 千米的线形地带。科学家们对它们做了一系列探测，认为它们所在的区域已经形成了一条与东非大裂谷类似的裂谷带。这个裂谷带被命名为"西南极洲裂谷系统"。

这个系统里的火山大小不一，有的像个普通的小山包，有的却高达 3800 多米，媲美富士山。但无论是大还是小，它们的形状都是低平的盾牌状，与夏威夷的火山相仿。

这样的形状也告诉了我们一个惊人的事实：火山们没有露出地面的部分，远远大于露出来的一角真容——就拿那座能与富士山比高的火山来说，冰盖下的它占地面积广阔，达到 8000 平方千米，比整个上海的面积还要大 1600 多平方千米！

百余座火山！真发愁

所谓有人欢喜有人愁，这一大群火山让地质学家多了研究大陆发展的新素材，却让气候学家有些焦虑。

第一，虽然南极冰盖下的许多火山都处于休眠状态，地下热点的热量却是实打实的。

第二，全球变暖让南极冰盖持续变薄，这会使火山岩浆房承受的压力变小，岩浆更容易上涌。

第三，岩浆房承受的压力减小，还会让岩浆产生大量气泡，使火山上部的岩石很容易被顶开，火山更容易喷发。

近百年来的气候变暖已经让南极洲的冰盖融化了不少，于是这百余座火山的存在真有点"火上浇油"，就像个不定时炸弹。还是请大家从我做起，努力减少碳排放，否则南极的 100 多座火山喷发，地球失去了南极这顶重要的"冰帽子"，事情可就闹大了。

小贴士
岩浆房

火山深处的地下岩浆库就叫岩浆房，它是火山的心脏，能像心脏泵血一样，为火山喷发供应岩浆。

21

如果没有海洋，人类早灭绝了

开会是大人们爱干的事。全世界的科学家和政界要员经常会找地方开会掐架，时不时还讨论下地球气候问题。与人类的喧闹不同，一直以来，海洋默默地拯救人类——虽然它并不会说话。

海洋——地球的冷却池

说实话，如果没有海洋一直保护着我们，人类早就把自己带上绝路了。

人类活动产生了大量的二氧化碳，作为温室气体的它们就像是保暖被，罩在地球外面，太多了就会让地球热得受不了。如果不是占据了地球表面70%以上的海洋吸收了超过90%人类活动产生的额外热量，那地球的平均气温就不会在过去一个世纪里只升高1℃，而是要命的36℃！如果真是按照这个可怕的升温幅度，那么在各种自然灾害、南北极冰融化、海平面加速上升等多重打击下，人类将会遭遇农业歉收、经济崩溃，继而在高温中走向灭绝……

小贴士

温室气体

温室气体包括二氧化碳、甲烷（沼气的主要成分）等。在大气中，它们可以吸收太阳的热量，使地球表面温度上升。

舍己为人的海洋

虽然海洋拯救了地面上的世界，但是海洋里的生物可就生活在水深火热之中了。

水下是生物多样性最丰富的地方，从最小的浮游生物到大型的哺乳动物都生活在这里。可是经过测算，到 2100 年，海洋温度会坚定地上升 4℃，同时海水酸度也会上升得很厉害——到那时候，海洋中无论是站在食物链顶端的掠食者，还是和珊瑚礁相依为命的生物，全会崩溃！

这是因为环境变化得实在太快了，水下生物们根本来不及适应。当然，海洋食物链断裂同样也会重创那些依赖鱼类和渔业生活的人们。

爱惜我们的海洋

大家除了要感谢海洋的帮忙，还要感谢那些不起眼的海藻，正是有了它们光合作用的帮助，更多二氧化碳才能被海水吸收掉。

但是，海洋的能力也经不起无限压榨。因为海水越热，对二氧化碳的收留能力就越差，如果容纳不下，就只好让它们回到大气中。这就导致气温加速升高，接着海水加速升温，更多二氧化碳逃跑……从而成为一个恶性循环。

其实地球根本不在乎人类怎么折腾。相对于它的个头来说，人类就是一层薄膜般的存在。所以对我们生活的地球负责，关注气候变化并行动起来，实际拯救的是我们自己——否则没了人类的地球，也许很快又恢复了生机勃勃的景象，仿佛人类根本未曾在这个世界出现过。

22

死海真的要死了

大家听说过死海吧?

如果有人想去死海看看的话,那就得尽快去了——因为死海真的要死了!

死海的真面目

死海虽然以海为名，但它并不是真正的海。死海其实是位于中东地区的一个湖泊。在古代，人们看到大一点的水面就会把它们叫作海，在中国很多地方也会看到这样的地名，比如洱海、七里海，甚至还有北海、中南海、什刹海。

不过死海是个特殊的内流湖泊。什么是内流湖泊呢？简单来说，就是只有进水口，没有出水口。流入死海的河流只有约旦河一条，它从北面注入死海这个大"浴缸"后，就被困住，再也出不去了。可能会有小朋友问："只有进水口，没有出水口，那过不了多久湖里的水不就溢出来了吗？"其实并不会。因为有太阳这个大火炉

烤着，很多水都变成水蒸气跑到空气中，大风一吹就把水汽带走了，所以死海的水并不会溢出来。

不过，虽然水被吹"跑"了，水里的那些盐分却被留下了。于是湖水中的盐越来越多，湖水就越来越咸了。

死海的奥秘

死海的名字听起来有点可怕，带个"死"字，但并不是说人不能接近这个湖。相反，人跳进死海不但不会沉底，还会漂浮在水面上。不用游泳圈、不用充气垫，不会游泳的人也可以漂浮在水面上，是不是很奇妙？

其实，这都是因为死海里的盐太多了。

我们可以做一个实验：把一个鸡蛋放在装满水的大水杯中，鸡蛋会沉到底部。然后往水里面加盐，等盐足够多的时候，鸡蛋就会浮起来了。盐水可以托起的物体密度比淡水可以托起的物体密度大得多，所以人能够浮在死海海面上就不稀奇了。

生命的禁区与生命的奇迹

死海寸草不生，说是生命的禁区一点也不为过。这又是为什么呢？还是因为盐太多了。

死海中盐的浓度可以达到34.2%，这是海洋盐浓度的9.6倍。我们在海里游泳时，不小心喝点海水都会叫苦不迭，要是尝一口死海的水，那就相当于喝毒药了。很少有生物能在如此高的盐浓度环境下生存，因为浓盐水可以轻松地把生物体内的水分"抢走"，这就好像我们做凉拌菜的时候，莴笋丝加盐会出水是一个道理。

星空和大地，藏着那么多秘密

THE COSMOS

然而，在这个严酷的环境中竟然还有生物创造奇迹——那就是耐盐杜氏藻。1980年，因为一场大洪水，死海的盐浓度从35%下降到了30%，结果湖水很快就变成了红色——这就是爆发生长的耐盐杜氏藻的杰作，因为耐盐杜氏藻可以产生红色的色素。

死海的危机

死海特殊的环境成为艺术家创作的灵感来源。曾经有一位艺术家把一件礼服浸泡在了死海之中，两个月之后，礼服就如同被施了魔法一样，变成了晶莹洁白的"盐礼服"，仿佛发生过一个美丽的童话故事。

但是，如此有意思的死海就要离我们而去了。随着周边人口的增加，原本流入死海的水都被人们截流去种庄稼了，流入死海的水比蒸发的水少，入不敷出，死海的水就越来越少。说到底，这还是人类惹的祸。

如今，死海的水位每年都要下降1米。照这个速度下去，过不了多长时间，这个特殊的湖泊就要从世界上消失了……

23

可燃冰能源——深海蕴藏的宝藏

我们都知道，把一块冰靠近火焰，冰很快就会被火融化，它们俩简直是有你没我的死对头。不过小朋友们，你们知道有种特别的冰，居然能够燃烧吗？

奇妙的可燃冰

能燃烧的当然不是普通的冰。

在高压低温的环境里，水分子们手拉手站好，组成一个个小笼子，笼子里关着甲烷分子。这就像是特别小的夹心水果糖，水分子就是糖壳，里面包裹的夹心是甲烷。这样的"夹心水果糖"一块块组合起来，就成了长得像普通冰一样、却能点着火的透明固体，这就是可燃冰。可燃冰燃烧的并不是冰，而是里面的甲烷。

可燃冰的学名，叫作天然气水合物。

超级强大的新能源

可燃冰可是好东西。

1 立方米的可燃冰，在标准状态下能转化为 164 立方米的天然气和 0.8 立方米的水。在同等条件下燃烧产生的能量高于煤炭、石油，产生的污染却又比煤和石油小。

而且，可燃冰分布广泛、储量巨大。根据科

总含碳量

计算出物质内含有多少吨碳，这就是总含碳量。由于可燃冰和石油不是同种能源，不方便直接比较，于是就用它们的主要组成元素——碳来做桥梁，先计算出它们各自的总含碳量，再进行对比。

学家们估算，仅海底可燃冰的储量就有1000 ~ 5000万亿立方米，按照总含碳量来比较，大约是地球上现在已探明石油储量的2 ~ 12倍。要是能开采可燃冰，能源枯竭什么的至少几百年都不用操心了。

想要开采难度大

可燃冰虽好，开采却不容易。因为它的形成需要高压低温的环境，所以可燃冰大部分都高傲地躲在开采难度非常大的深海里，想要把宝藏挖出来，可是得解决不少技术难题。

而且，想要商业开采，还得既安全又便宜。太贵了大家用不起，不安全更是不行。我们都知道，人类大量排放的二氧化碳已经造成了地球温度升高，甲烷的增温能力可比二氧化碳厉害多了。另外，可燃冰储量特别大，如果里面的甲烷一下子释放出来，那可是巨大的生态灾难！别看可燃冰现在人畜无害地躺在海底，在地球历史上它可是闯过大祸的。

距今 2.5 亿年前，也就是二叠纪和三叠纪之间，曾经发生过一次极其惨烈的生物大灭绝。当时地球上 70% 的陆生脊椎动物物种和 96% 的海洋生物物种消失，就连历来在大灭绝中格外坚挺的昆虫也在这次灭绝事件中伤亡惨重。灭绝事件过后，陆地与海洋的生态圈花了数百万年才完全恢复。根据研究，这次大灭绝很可能就是海底可燃冰里蕴含的甲烷大规模释放进大气层造成的。

积极探索与尝试

人类活动倒是几乎不可能把可燃冰一下子都翻出来，造成如此可怕的后果。但是，开采可能导致的海底滑坡、甲烷泄漏等事故对环境的影响同样不容轻视。

想要利用可燃冰，我们不但要能从海底把甲烷弄上来，还要能控制住它，不让它乱跑。所以，虽然各国都在研究可燃冰开采，态度却都非常谨慎。我们想要打开这座巨大的能源宝库，还需要抓紧升级、努力闯关啊。

说到这里，就有个好消息了。2017 年 5

月 18 日，我国南海神狐海域的可燃冰试开采日均稳定产气超过一万立方米，连续产气超过一周，取得圆满成功！我国成为全球第一个在海域可燃冰试开采中获得连续稳定产气的国家，这可是当之无愧的世界领先哦。

虽然我们并不是第一个实现海洋可燃冰开采的国家，但是我们胜在"稳定开采"四个字。这四个字的背后包含的技术分量可不一般。第一个开采可燃冰得到天然气的国家日本，就是因为泥沙堵井，不得不中断开采。我国不但克服了这个技术难题，产气量也远超日本。而且，我国开采的是开发难度最大的泥质粉砂型储层可燃冰，世界上可燃冰资源 90% 都是这种类型的。所以，这次试开采成功很有意义，在这个领域，我国已经毫无疑问地领跑世界。

不过，虽然试开采成功了，但是距离产业化还有很长的路要走，还有很多问题需要解决。咱们国家要想一路保持住世界领先的技术优势，说不定就要靠现在正在努力学习的小朋友们了。

要化石还是要磷矿？这是个问题

先请大家做一道选择题。

假设你和几个同伴被困在一所房子里，外面的世界就像灾难片里演的那样处于冰期。你们没有食物，手头只有一只打火机；房子里也没有别的东西，只有成堆的纸质档案，这些全世界独一无二的珍贵档案记录着人类历史的绝密资料。可是你和朋友们快要冻死了，如果不让自己暖和起来，绝对等不到救援到来。

请问：你们会烧掉那些珍贵资料，提高自己活下去的概率吗？

这显然是一道单选题，不同的人应该有不同的答案。这答案取决于大家的职业、信仰和价值观。而一条古生物新闻，似乎也把人们置于同样的困境中。

磷矿山中的宝藏

中国贵州瓮安县以丰富的磷矿资源闻名，有着"亚洲磷都"的美誉。磷矿可以制成肥料，施到田地中能让农作物长得更好。磷矿及其附属产业撑起了瓮安县60%的财政收入，对当地政府、企业来说，磷矿山就是全县人民奔小康的命脉。

然而，这里的磷矿不仅仅是矿产，它里面还埋藏着许多化石——这些化石来自6亿年前，为研究多细胞生命的起源和演化打开了一扇窗。它们就是地球历史上独一无二的档案，世界上其他地方再也没有这样的化石埋藏，和我们前面选择题里的绝密资料一样珍贵。

20年来，这个磷矿山中的化石宝库已经为世界古生物学界贡献了大量早期生命情报。目前世界上发现的最早的具有成年动物体态的动物化石——6亿年前的原始海绵动物"贵州始杯海绵"，就是在这里发现的。而且，还有很多没来得及研究的潜力剖面，可以让我们发现更多远古的奥秘。

宝藏争夺大战

可是从 2016 年底开始，古生物学家们发现，现在磷矿的开挖越来越快，产出化石质量最好的开采坑已经坍塌。于是他们急忙找了三个有研究价值的区域点，希望给这个化石宝库留下些东西。可是 2017 年 4 月，当科学家们回去时，发现其中一个点已经被挖光，另外两个也岌岌可危。

古生物学家们寻找化石，需要找到好的"露头"和"剖面"。"露头"指的是没有植被覆盖、露出岩石的地点；"剖面"指的是在一定范围内，能清晰显示一个地区地底岩石一层层排布顺序的一条路。

剖面就好比在地球肚皮上划了一道口子，让科学家们能看清其中的肌理。采集剖面中的岩石样本进行分析，就能发现其中的

化石。剖面里古老的岩石就是地球历史资料的档案架，而开挖磷矿就像是推倒架子；把蕴含化石的岩石制成磷肥卖钱，就像是把绝密档案烧掉取暖。

从来都不是单选题

好在磷矿山中的绝密档案并非每一本都有字，也并非每一本上的字都能成为有用信息——磷矿中，有的岩石里有化石，有的没有，这就需要科学家甄别，也需要当地政府和矿主的配合。

要化石还是要磷矿，从来都不是道单选题。目前相关部门和科学家已经坐下来讨论

过这件事了。据新闻报导，在当地政府的主持下，被破坏的老剖面已停工。科学家们在化石产区实地调研，划定了新保护区。在不久的将来，瓮安可能会先建个供科学家停脚的野外工作站，然后再盖个博物馆，向大众开放。

相信大家都希望在磷矿和化石间找到平衡点，让经济发展与科学研究都可以持续地走下去。

"少年轻科普"丛书

当成语遇到科学

动物界的特种工

花花草草和大树，
我有问题想问你

生物饭店
奇奇怪怪的食客与意想不到的食谱

恐龙、蓝菌和更古老的生命

我们身边的奇妙科学

星空和大地，
藏着那么多秘密

遇到危险怎么办
——我的安全笔记

病毒和人类
共生的世界

灭绝动物
不想和你说再见

细菌王国
看不见的神奇世界

好脏的科学
世界有点重口味

当小古文遇到科学

当古诗词遇到科学

《西游记》里的博物学

博物馆里的汉字